原来数学都在这样学

数学趣味

刘薰宇 著

民主与建设出版社
·北京·

图书在版编目（CIP）数据

数学趣味 / 刘薰宇著 . -- 北京 : 民主与建设出版社 , 2020.4（2024.6 重印）

（原来数学都在这样学）

ISBN 978-7-5139-2973-8

Ⅰ . ①数… Ⅱ . ①刘… Ⅲ . ①数学—青少年读物 Ⅳ . ① O1-49

中国版本图书馆 CIP 数据核字（2020）第 040108 号

数学趣味

SHU XUE QU WEI

著　　者	刘薰宇
责任编辑	刘树民
封面设计	金墨书香
出版发行	民主与建设出版社有限责任公司
电　　话	（010）59417747 59419778
社　　址	北京市海淀区西三环中路 10 号望海楼 E 座 7 层
邮　　编	100142
印　　刷	三河市刚利印务有限公司
版　　次	2021 年 7 月第 1 版
印　　次	2024 年 6 月第 3 次印刷
开　　本	880 毫米 ×1230 毫米　1/32
印　　张	6.5
字　　数	163 千字
书　　号	ISBN 978-7-5139-2973-8
定　　价	128.00 元（全 3 册）

注：如有印、装质量问题，请与出版社联系。

序

记得在中学时代，我最不喜欢数学，而最喜欢图画，常常为了图画而抛荒数学课。看见某绘画理论书上说：

> 学数学与学图画，头脑的用法相反，所以长于数学者往往不善图画，长于图画者往往不善数学。

我深受这句话的影响，便放心地抛荒了数学课，仿佛数学越坏，图画就会越好似的。现在回想起来，真是觉得可笑又可惜，放弃了青年时代应修的一门功课。

我一直没有尝到过数学带来的趣味，一直没有游览过数学的世界，终究是一种损失！最近给我稍稍补偿这个损失的，便是这册书里的几篇文章。

我与薰宇相识后，他就在写这些文章了。他每次发表文章，我都认真阅读，引诱我的，是这些富有趣味的题材。

我常常不知不觉地就被诱惑进数学的世界里去了，每次都想：假如从前有这样的数学书，也许我不会抛荒数学的，因而就不会相信那绘画理论书上的话了。

我曾经鼓励薰宇续作，将来好结集成书。现在书将要出版了，薰宇要我作一篇序。数学的书，叫我这从小抛荒数学的人作序，也真是奇事。而我居然作了，更是属于异闻了！

序，似乎应该是对于全书内容有所品评或阐发的，然而我的序却没有，只表示我是每篇的读者而已。特别是其中《韩信点兵》一篇，给我的回忆很不好：这篇文章发表时，我正患有眼疾，医生叮嘱我灯下不可以看书，而我接到杂志后，竟然在灯下一口气读完了。第二天眼睛很痛，又去看医生了。

一九三三年耶稣诞节

子 恺

致读者

我有一个怪癖，那就是胡思乱想。特别是闲来无事，独自一个人坐着，不用说，只能是胡思乱想。就是吃饭、走路的时候，仍然是胡思乱想。甚至许多人在一起谈得兴致正浓的时候，我也会突然默默地、如痴如醉地发呆。

说来我的胡思乱想也有一点奇怪，并不是天南地北、毫无边际地瞎想。而是由于一个什么诱因，就一条线地连续了下去，有时竟然连续两三天，全在这条线上循环往复着。

我胡思乱想的路有两条：一条非数学的，一条数学的。我会想到一个没有鼻子的人，怎样生活下去；也会想到一个长着翅膀的人，怎样在天空中翱翔，怎样快活或怎样倒霉。

这些属于非数学的一类。自然说它们是文学的，似乎更恰当一些。但是我的文笔太差了，不能将它们写成童话，所以不敢用“文学”这个词来说它们。

数学的胡思乱想，占据了我差不多有三分之一以上的时间。我是不喜欢孤独的，然而命运常常使我困在孤独里面。我有许多朋友，但是奇怪的是，这些被我热心、诚恳地称为“朋友”的人，没有一个把我登记在他们的朋友录里面。

我不出门找人，也永远不会有人光临我的寒舍。我去找朋友时，总是使他们心里不高兴。因为我怕孤寂，找到了朋友，就舍不得离开。

我常常觉得这损人利己的事情总不是办法，于是鼓起勇气，孤零零地坐在屋里，这时，陪伴我的大部分便是数学的胡思乱想。

在生活中，当遇到坎坷，走投无路的时候，我总是阅读数学，或用数学的胡思乱想使自己镇静下来。数学是我的朋友，是唯一能够给予我慰藉的朋友，然而，我却没有想成为数学家的野心。

我的数学的胡思乱想，站在数学的立场来说，全是漫无边际地跑野马。有时我想到极其深奥的问题，有时我想的却只是小学生的问题。我走上电车、公共汽车，或者火车，总要看车票的号码，把它拆分成因子，又将各因子两两三三地乘乘除除。

比如，车票的号码是6552，凭我的眼力马上就知道它含有一个因子8和一个因子9，再看又知道还含有一个因子7。八九七十二，7乘72得504，我便用504去除6552得到13，它是个质数，分解因子的想法才就此停止。

后来我便用12、24、14、28、56、26、39，…，即2、4、8、3、9、7、13中两个以上的数的乘积，去除6552。这样的胡思乱想，常常可以使我忘掉在同车里没有朋友的寂寞。假如车票的号码是一个一眼望去就可知道的质数，这一次的乘车经历对于我来说就很痛苦。

我最害怕一个人步行，走路得非常小心，所以不方便去胡思乱想。然而在一个人走路的时候，我仍然害怕寂寞，唯一驱赶寂寞的方法，那就是数步数。

无论分因子、数步数，或者胡思乱想到别的深深浅浅的问题，我都只是把它当作排遣孤寂的一种方式，并不追求什么结果。我的住房在楼下，每次上下梯子，总是数过好几百次了，但是如果要问这梯子有几级，我还是需要去数了才回答得上来。

这本小册子里所结集的10多篇文章，有两个来源：一是被逼无奈的文债，一是胡思乱想的结果。本来，这些不成什么器皿的东西，将它们发表已是属于多事。然而发表过了，还要结集起来成为单行本出版，更是多事中的多事了。既然知道这样，为什么还要自讨苦吃呢？

这里也有点小小的原因：自从发表过四五篇后，书店和我常常接到一些青年读者的信，一是要我多写，二是要我将它们结集起来出版单行本。其中有两封信最使我感动，它们都是“一·二八”事变以后的事了。

那信上说，他们在《中学生》上很喜欢读《数学讲话》，一直保存着。但是因为他们住在闸北，“一·二八”事变逃难竟然丢失了，也无法补齐，希望我出一个单行本，以便他们有机会再读。不过那时才只有五六篇，数量太少了，所以一直拖延到现在才来报答那些朋友们。

至于写文章，我很抱歉，久已不动笔了，更说不到多产。究其原因是个人生活十分忙碌。在忙碌中虽然一样地胡思乱想，但是胡思乱想的时间都很短暂，写不成什么东西。

以后，我希望能够有更多用来胡思乱想的时间，这样，就能够写出一点东西。至于孤寂呢，因为生活的忙碌不但是没有减少，有时反而加深了。无论如何只是希望胡思乱想的直线，能够有拉得较长的机会。

因为这10多篇文章只是胡思乱想的结果，所以它们彼此之间没有较多的关联，不过有两点似乎是相同的：许多人以为数学是枯燥繁杂、令人头痛、不太实用的学科，便望而却步了。我想打破这种观念，这是我的第一个企图。

许多人以为学习数学，只要死记书本上的法则、公式、定理等，再将练习题做完，这就算全部掌握了。其实，书本上的知识不但是有限，而且也太固定了，我们所能遇见的更鲜活的材料不知有多少呢！

如果将死板的方法用到那些活泼的材料上，使其相得益彰，这便是一条学习的正轨。学习不但要收集一些材料，还要掌握一些方法。掌握方法比收集材料更有效果。

比如说，鸡兔同笼这一类问题，什么算术课本里都有，掌握它的算法固然重要，而学习怎样思索出那种算法来更重要，不是吗？它的算法是从假设全体是鸡或兔起步的，知道第一步，以后便容易了。

对于这类问题，怎样才能想出这第一步的假设法来，便是思索的方法和问题。所以，暗示处理材料和思索问题的方法，这是第二个企图。

自然，这本小册子并不会完全达到这两个企图，这当然是我的力量的问题，在此深感抱歉！

目录

1 数学是什么

我在这里所要说的“数学”这个词，包含着算术、代数、几何、三角等领域在内。用英文名词来解说，那就是“*Mathematics*”的定义。如果照平常的想法，那就非常简单、明了，几乎就不用再说了。

如果真要说明白，问题那就很多了。暂且先举例英国著名哲学家、数学家罗素（*Russell*）的说法，特别是在他所著的《数理哲学导论》提出的定义，真是叫人感到莫名其妙，简直好像在开玩笑一样。他说：

> Mathematics is the subject in which we never know what we are talking about nor whether what we are saying is true.

如果将这句话简单地翻译过来，就是：

> 数学就是这样一回事，研究它这种玩意的人，也不知道自己究竟在干些什么。

这样的定义，简直扑朔迷离，神秘莫测，真是“不说还明白，一说反糊涂”了。然而，要将已经发展到现在的数学领域概括得完全，并要将它繁杂、丰富的内容表达得十分生动，好像除了这样，也没有别的更好的话可以说了。

所以，伯比里茨（*Papperitz*）、伊特尔生（*Itelson*）和路

易·古都拉特（*Louis Couturat*）几位数学家，对于数学所下的定义，也是和罗素这个感觉差不多。

对于一般的数学读者，这个定义恐怕反而使人好像坠入了云里雾里，因此拨开云雾见青天的工作似乎就少不了呢！罗素对数学所下的定义，它的价值在什么地方呢？它所表达的是什么意思呢？要回答这些问题，还是用数学的其他定义来相比较更容易让人明白些。

在古希腊，特别是在亚里士多德（*Aristotle*）那个时代，不用说，数学的发展还很是幼稚，领域也非常狭小，所以只需说数学的定义是一种"计量的科学"，便可以使人感到心满意足了。

可不是吗？这个定义，让初学数学的人是非常容易明白和满足的。他们解答四则问题、学习复名数的计算，再进入到比例、利息等，无一不是在计算量。就是学到代数、几何、三角，也还不容易发现这个定义的破绽。然而仔细一想，它实在有些不妥帖。

第一，什么叫做量，虽然我们可以用一般的知识来解释，但是真要将它的内涵弄明白，也是十分不容易的。因此，用它来解释别的名词，依然不能将那些名词的概念十分明了地表示出来。

第二，就是用一般的知识来解释量，所谓"计量的科学"这个概念，也不能够非常明确地划定数学的领域。像测量、统计这些学科，虽然它们各有自己特殊的作用，但是也只是一种计量而已。

由此可知，仅仅用"计量的科学"这一个说法联系到数学，从而成为一个数学的定义，这也未免太广泛了一点。如果要进一步去探究，这个定义的欠缺还不仅仅就这两点，所以法国著名哲学家孔德（*Comte*）就修改后并说：“数学是间接测量的科学。”

按照前面的定义，数学是一种计量的科学，那么必定要有量才可以计算的，但是它所计的量是用什么手段得来的呢？难道用一把尺子就可以量一块布有几尺几寸宽、几丈几尺长？难道用一杆秤就可以量一袋米有几斤几两重？这自然是可以直接办到的。

但是，如果是测量行星轨道的广狭、行星的体积，或是很小的分子的体积，这些就不是人力所能直接测定的了，然而采用数学的方法便可以间接将它们计算出来。因此，孔德所下的这个定义，虽然不能将前一个定义的缺点完全补正过来，但是总是比较进步些了。

孔德是19世纪前半期的人物，虽然他是一个不可多得的哲学家和数学家，但是在他那个时代，数学领域远远不及现在这么广阔，如群论、位置解析、投影几何、数论以及逻辑的代数等，这些数学支流的发展，都是他以后的事了。而这些支流和量或测量实在没有什么关系。即如法国著名的数学家笛沙格（*Desargues*）所证明的一个极有趣味的定理：

如果两个三角形对应顶点的连线夹点，那么它们对应边的交点就在一条直线上。

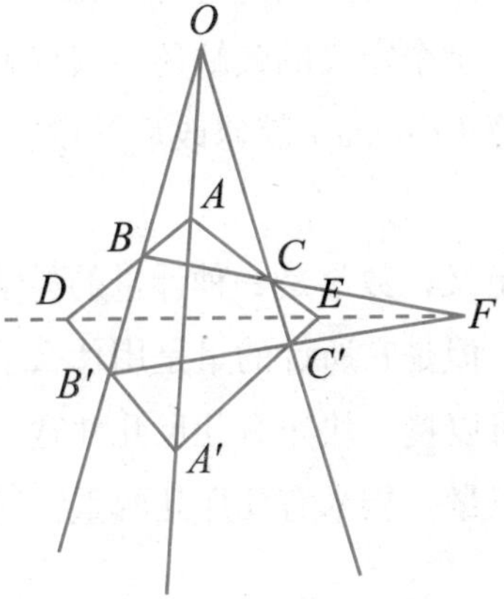

这个定理的证明，就只用到了位置的关系，和量毫不相干。数学的这种进展，自然是轻巧地将孔德所给的定义攻破了。

到了1970年，美国哲学家皮尔士（*Peirce*）就另外给数学下了一个这样的定义："数学是得出'必要的'结论的科学。"

不用说，这个定义比以前的都广泛得多，它已离开了数、量、测量等这些名词。我们知道，数学的基础是建筑在几个所谓公理上面的。从方法上说，不过由这几个公理出发，逐渐演绎出去而组成一个秩序井然的系统。所谓公式、定理，只是这演绎所得的结论。

照这般说法，皮尔士的定义可以说是完整无缺吗？不！依照几个基本的公理，按照逻辑的法则演绎出的结论，只是"必然的"。如果说是"必要"，那就很值得怀疑。我们如果要问怎样的结论才是必要的，这岂不是很难回答吗？

更进一步说，现在的数学领域里面，固然大部分还是采用着老方法，但是像皮亚诺（*Peano*）、布尔（*Boole*）和罗素这些先生们，却又走着一条相反的途径，对于数学的基础研究，他们要掉转一个方向下功夫去寻根问底。

于是，这个新鲜的定义又免不了动摇。关于这定义的改正，我们可以举出康柏（*Kempe*）的来看，他说：

> 数学是一种这样的科学，我们用它来研究思想的题材的性质。而这里所说的思想，是归依到含着相异和相同，个别和复合的一个数的概念上面。

这个定义实在太严肃、太文气了，而且意味也有点含混。在康柏以后，布契（*Bôcher*）把它改变了一下，便这样说：

> 如果有某一群的事件与某一群的关系，而我们所要研究的问题，又只是这些事件是否适合于这些关系，这种研究便称为数学。

在这个定义中，有一点最值得注意，布契提出了“关系”这一个词来解释数学，它并不用数列、量列这些家伙，因此很巧妙地将数学的范围扩张到“计算”以外。

假如我们只按照惯用的意义来解释“计算”，那么，到了现在，数学中有些部分确实和计算没有什么因缘。也就因为这个缘故，我喜欢用“数学”这个词来译*Mathematics*，而不喜欢用“算学”。虽然“数”字也还不免有些语病，但是似乎比“算”字来得轻些。

倘使我们再追寻一番，还可以发现布契的定义也并不是“悬诸国门不能增损一字”的。不过这种功夫越来越细微，也不容易理解。而我这篇东西不过想给一般的数学读者一点数学的概念，所以不再往里面穷追了。

将这个定义来和罗素所下的比较，虽然距离较近，但是总还是旨趣悬殊。那么，罗素的定义果真是开玩笑吗？我是很愿意接受罗素的定义的，为了要将它说得明白些，也就是要将数学的定义、性质说得明白些，我想这样说：

数学只是一种符号的游戏。

假如，有人觉得这样太轻佻了一点，严严正正的科学怎么能说它是“游戏”呢？那么，这般说也可以：

数学是使用符号来研究“关系”的科学。

对于数学这种东西，读者大都有过这样的疑问：这有什么意思呢？这有什么用呢？本来它不过让你知道一些关系，以及从某种关系中推演出别的关系来，而关系的表出大部分又只靠着符号，这自然不能具体地给出什么用途和意义了。

为了解释明白上面提出的定义，我想从数学中举些例子来讲，更方便些。一开头我们就看“一加二等于三”。

在这一个短短的句子里，总共是五个词：一、二、三、加、等于。这五个词，前三个是一类，后两个又是一类。什么叫“一”？什么叫“二”？什么叫“三”？

这实在不容易解答。它们都是数，数是抽象的，不是吗？我们能够拿一个铜板、一支铅笔、一个墨水瓶给人家看，但是我们拿不出“一”来，“一”是一个铜板、一支铅笔、一个墨水瓶。一个这样，一个那样，“一”是这些东西的共相。从这些东西我们认识出这共相，要自己明白，又要传给别人，不得不给它起一个称呼，于是就叫它是“一”。

我为什么叫“薰宇”，如果你要问我，我也回答不上来，我只能说，这只是一个符号，有了它方便你们称呼我，让你们在茶余酒后要和朋友们批评我、骂我时，说起来方便些，所以“薰宇”两个字是我的符号。

同样地，“一”就是一个铜板、一支铅笔、一个墨水瓶……是这些所有东西共同的一个符号。这么说来，自然“二”和“三”也一样是符号而已。

至于“加”和“等于”在根源上要说它们只是符号，一样也可以，不过从表面上说，它们表示一种关系。所谓“一加二”是表示“一”和“二”这两个符号在这里的关系是相合的；所谓“等于”是表示在它前后的两件东西在量上相同。所以归根到底“一加二等于三”只是三个符号和两个关系的连缀。

只这么一个例子，似乎还不能够说明白。再举别的例子吧，假定你是将代数学完了的，我们就可以从数的范围的逐渐扩大来说明。

在算术里我们用的只是1、2、3、4……这些数，最初跨进代数的门槛，遇到a、b、c、x、y、z，总有些不习惯。你对于二加三等于五，并不惊奇，并不怀疑：对于二个加三个等于五个，也不惊奇，也不怀疑；但是对于$2a+3a=5a$你却怔住了，常常觉得不安心，不知道你在干什么。其实呢，$2a+3a=5a$和$2+3=5$对于你的习惯来说，后者不过更像符号而已。

有了使用符号的进步，许多关系来得更简单、更普遍，不是吗？如果将$2a+3a=5a$具体化，认为a是一只狗的符号，那么这关系所表示的便是两只狗碰到了三只狗成为五只狗；如果a是一个鼻头的符号，那么，这关系所表示的便是两个鼻头添上三个鼻头总共就成了五个鼻头。

再掉转一个方向来看，在算术中除法常有除不尽的时候，比如2÷3。遇见这样的场合，我们便有几种方法表示：

（1）$2 \div 3 \approx 0.667$

（2）$2 \div 3 = 0.6 \cdots\cdots 2$

（3）$2 \div 3 = 0.\dot{6}$

（4）$2 \div 3 = \frac{2}{3}$

第一种只是一个近似的表示法；第二种表示得虽然正确，但是用起来不方便；第三种是循环小数，关于循环小数的计算，那种苦头你总尝到过；第四种是分数，$\frac{2}{3}$是什么？你已知道就是3除2的意思。对了，只是“意思”，毕竟没有除。这和3除6得2的意味终是不同的。

所谓“意思”便是“符号”。因为除法有除不尽的时候，所以我们使用“分数”这种符号。有了这种符号，我们就可以推究出分数中的各种关系。

在算术里，你知道5-3＝2，但是要碰到3-5你就没有办法了，只好说一句“不能够”。“不能够”？这是什么意思呢？我替你解释便是没有办法表示这个关系了。但是到了代数里面，为了探究一些更加普遍的关系，就不能不想一个方法来突破这个困难。

于是有些人便这样想，3-5为什么不能够呢？他们异口同声地回答，因为还差2。这一回答，关系就成立了，“从3减去5差2”。在这个时候又用一个符号“-2”来表示“差2”，于是这关系就可以表示为3-5=-2。这一来，真是“功不在禹下”。有了负数，我们一则可探讨它自身所包含的一些关系，二则可以将我们已得到的一些关系更普遍化。

又如在乘法中，有时只是一些相同的数在相乘，便给它一种符号，譬如$a\times a\times a\times a\times a$写成$a^5$。这么一来，关于这一类的东西又有许多关系可以发现了，例如：

$$a^n \cdot a^m = a^{n+m}$$

$$(a^n)^m = a^{nm}$$

$$\left(\frac{a}{b}\right)^n = \frac{a^n}{b^n}$$

……

不但是这样，这里的n和m还只是正整数，后来却扩张到负数和分数，而得出下面的符号：

$$a^{\frac{p}{q}} = \sqrt[q]{a^p}$$

$$a^{-m} = \frac{1}{a^m}$$

这些符号的使用，是代数所给的便利，学过代数的人都已经知道了，我也不用再说了。

由整数到分数，由正数到负数，由乘方到使用指数，我们可以看出许多符号的创立和许多关系的产生、繁殖。要将乘方进行还原，就要用到开方，但是开方常常会碰钉子，因此就有了无理数，如$\sqrt{2}$、$\sqrt{3}$、$\sqrt[3]{9}$、$\sqrt[4]{8}$……这不过是一些符号，这些符号经过一番探索，便和乘方所用的指数符号结成了非常亲密的关系。

总结这些例子来看，除了使用符号和发现关系以外，数学实在没有什么别的花头。如果你已学过平面三角，那么，我相信你更容易承认这句话。所谓平面三角，不就是只靠着几个什么正弦、余弦这类的符号来表示几个比，然后去研究这些比的关系和三角形中的其他关系吗？

我说“数学是使用符号来研究‘关系’的科学”，你应该不至于再怀疑了吧？在数学中，你会碰到一些实际的问题要你计算，譬如三个十两五钱总共是多少斤。但是这只是我们所得的关系的具体化，换句话说，不过是一种应用。

也许你还有一个疑问，数学中的公式和定理固然只是一些“关系”的表现形式，但是像定义那类的东西又是什么呢？我的回答是这样，那只是符号的规定。“到一个定点距离相等的一个完全的曲线叫圆”，这是一个定义，但是也只是“圆”这个符号的规定。

正正经经地说，数学只是这么一回事，但是我仍然高兴地说它是符号的游戏。所谓“游戏”自然不是开玩笑的意思。两个要好的朋友拿着球拍在球场上打网球，并没有什么争胜的要求，然而兴致淋漓，不忍释手，在这时他们得到一种满足，这就是使他们忘却一切的原因，这叫游戏。

小孩子独自拿着两块石子在地上造房子，尽管满头大汗，气喘不止，但是仍然拼尽全身力气去做，这是游戏。至于为金牌而赛球，为锦标而练习赛跑，这便不是游戏了。还有为了排遣寂寞，约几个人打麻将、喝老酒，这也算不来游戏。从这个意义上，我说“数学是符号的游戏”。

自然，从这个游戏中能有些收获，即发现一些可以供人使用的关系。但是符号使用得越多，所得的关系越不容易具体化。等你进到数学领域的后部，真的，你只见到符号和关系，那些符号、那些关系要说你个明白，就算是马马虎虎地说，你也无从下手。到这一步，好了，罗素便说：

> 数学是这样一回事，研究它这种玩意的人也不知道自己究竟在干些什么。

2 数学所给予人们的

在这篇短文中，我想答复“数学有什么用”的问题。我希望这一篇简略述说能够引起人们对于数学伟大功绩的注意，不要低估了它的价值，虽然这对于它来说没有任何妨害。

在实际生活中，我们没有任何一个时候，能够脱离与数学的关系，无论时间有多么地短暂。

张三比李四高一点；同样的树，远处的看上去低，近处的看上去高；今天的风比昨天的风大……这许许多多的比较，都是人心在受到数学的锻炼以后，才能轻松获得的。

从白马湖到上海去，就比从宁波去上海要多准备一些路费，要多带一些零用物品，要多留出几天的空闲；准备一个月的粮食，比准备一天的粮食要多储存几斗米；到山上跑步的时候，看见太阳快要落山，就得放快脚步，才能避免在黑夜奔走……这一类的事情，也不是那些没有受过数学锻炼的人所能感受的。

有一本一百页的书，打算五天读完，平均每天应当读多少页？雇一个人做了三天工，要付给他多少工钱？想要缝制一件大布长衫，要买多少布才能刚刚好？

这些自然都是很浅显明白的，没有一个人能够否认数学的作用。但是数学对于人们的贡献如果只有这一点，也就不值得去学了。即使不得不学，那也是一件轻而易举的事。

中国的旧式商人，懂得了“小九九”① 便可受用不尽，如果还知道点“飞归”② 的，就要被人称赞，实在是一个优秀的人物了。对于这点，没有人还去怀疑数学的用途，但是因此来赞美数学，它虽然未必受之有愧，也绝不会安心。

一般人看待数学而言，反而觉得越学习越没有用途，这是数学所引以为憾的，虽然它的目的不全部在于给人们以用途。

人类与别的生物不同，能够享受比较满足、比较愉快的生活，全是凭借他们的思想。数学就是思想最重要的工具，在20世纪以后，找到一种不受数学影响的思想界产物，恐怕是不可能的吧？

在空闲的时间到剧院里去听戏，或到音乐会去听音乐，或到演讲会中去听讲演，都能发现一个使人感到痛苦的事实。如果不是力量大，腿长或富裕的人，必定被挤到人群的后面，到了一个毫不起眼的位置，只能乘兴而去败兴而归。

哪儿能想到一个可以容纳五六千人，没有一个人坐着听讲的讲堂，已经在美国建立了起来，供给很多人享用呢？更何况这么伟大、适用的讲堂，是只用了一个极其简单的代数式 $Y^2=70.02X$ 就可以建立起来的呢？

凭借这样一个极其简单的式子，工程师们坐在屋里，吸着雪茄，把一切墙体的形式、天花板的高度等，毫不费力就从容地确定出来，而且不差分毫。这不是什么神奇的事情，仅仅依靠声浪直线行进和投射角相等的角折回的性质，和一个代数式

① 乘法口诀，如一一得一，一二得二，二五一十等。也叫九九歌。

② 珠算中两位数除法的一种简捷的运算方法，将归除合并，做成口诀，归后不用商除，以简化运算程序。参阅宋代杨辉所著《乘除通变算宝》。

的几何曲线性质，就可以受用不尽了！

对于更雄伟、更美观的建筑，数学也有同样的贡献。除了丁字尺、三角板、圆规，还有什么方法可以取方就圆、切长补短呢？基本的帮助，就是不少的帮助吧！

$$(a+b)^2=a^2+2ab+b^2$$

$$(a+b)^3=a^3+3a^2b+3ab^2+b^3$$

$$(a+b)^4=a^4+4a^3b+6a^2b^2+4ab^3+b^4$$

这样的式子，不曾和硬币、钞票一样明白地显示它的作用，哪儿知道经济学也和它关系密切呢？债券的价格、拆换、生命保险、火灾保险，都要以它为根据。

虽然依照上面的说法，把数学所给予人们的，讲得比一般人想象的大了一点，但是仍然不能得到它真实伟大的贡献。如果从天文学上考察，可以使人们感到更加惊异，从而相信它的力量了。

太阳已经落到西边去了，在月光皎洁的晚上，我们眼里所看到的美，不是挂了满天的星星吗？有闪烁的，有飞舞的，一般人都用“无数”两个字来形容它们的繁多。

数学对于人们不能数清的星星，只用了几个简单的式子，就能表达出它们运行的轨迹，依着式子就可以确定它们在某个时间的相关位置，比肉眼所看见的还要精准。

因为研究关于星体的扰动，在海王星没有被发现的时期，许多天文学家和亚当斯（*Adams*）就从数学上确定了它的轨道。当它运行到望远镜可以观察的位置时，亚当斯和他的朋友依计算所得的位置将望远镜移转，这被数学所确定的海王星果然无从逃避，被他们看见了，这在以前是不可能实现的。

这样的例证虽然很多，但都是在理科上的运用，一般以数学为理科基础的朋友们当然不会否认，其余人难免仍有不满。以数学为理科的基础，虽然没有什么错，却小看了数学的力量。

数学在哲学领域占有相当的势力，这从人类文化略有基础的时候就是如此。柏拉图（*Plato*）教他的弟子学习哲学，要求他们先学几何来锻炼思想。毕达哥拉斯（*Pythagoras*）的哲学和数学更分不了家。其实很难找出不受数学洗礼的哲学家，读过哲学史的人，总不会以为这话武断吧？

逻辑算是哲学的基础了，数理逻辑（*Mathematical Logic*）的创建，使哲学的研究得到了较大的助力。虽然这种研究还处于萌芽状态，但是“它可以使我们易于研究比‘言辞的推论所能得出的’更抽象的观念，它可以指示‘用别的方法想不到’的有效假定，它可以帮助我们立刻看出建筑一个逻辑的或科学的理论，至少需要什么材料。”，能够做到这些也就功不可没了。

数学上对于“连续”和“无限”的研究，得到了美满的结果以后，哲学上的疑问，很多也就可以得到解答了。数学和哲学在某些方面是很难分出界限来的，因此数学不只是理科的基础。假使哲学在人的思想界能显出更大的权威来，数学的功效也就值得称为伟大了，何况它所加惠于人们的还不止这些呢？

以求善为目的的人们很容易轻视数学，甚至有时认为数学是会使人习于深刻，应当反对。但是真正的善，本没有深刻与否的问题，后一层没有答辩的必要。

数学是以求真为主的，和善有关系吗？数学对于人们既然有巨大的贡献，本身当然是善的。以数学为基础的科学，也是以有助于人们的幸福为目的，数学也是没有错的。

“善”不是在区别是非吗？“善”不是要寻求道德的真正意义吗？要满足这样的企图，恐怕不能不借助数学吧？

很容易与数学发生冲突，或无关系的，要算艺术了。艺术自然是从情感出发的，但是纯粹不加入理智成分的情感，人们也是不容易有的吧？

“真”和“美”也不是绝对可以分开的。秩序、和谐，不是美的必要条件吗？音阶的组成，不也要倚赖数学将各音振动的关系表明吗？一张画有各种物件关系位置的图，各部分的大、小、长、短，不也是数学所支配的吗？

数学本身也可以将美贡献于人们。我们和外界接触的时候，森罗万象，如果在心里不能使它们井然有序，自然界的可憎恐怕使人很快就坐不稳了！这种综合能力，从数学出发比较简要、可靠，并不是别的学科所能比拟的。就是表现一种图形的变化，也以数学最为简单明了。

数字中间的奇妙变化，给予人们的美感也是不可解说的。从1到无穷的整数中，整数是无穷的；从1到2之间的数也是无穷的；从1到$\frac{1}{2}$，或$\frac{1}{20}$，$\frac{1}{200}$……以至于$\frac{1}{200000000}$之间的数，仍然是无穷的。这样的想象只能使人们感到枯燥、没有一点美感吗？

崇高和伟大可以兴起美感，使人们感到大而又大，大之外还有大，无论如何可以超出我们的想象力以外，从什么地方还可以得到这样的美感呢?

大，大至无穷；小，小至无穷：变幻，变幻至无穷；极其纷繁不可计量的，可以综合到极其简单；极其简单的可以推演到无数。难道像这样能动的美感不值得赞美吗?

数学所给予我们的已经很多，但是我想，从精神层面将我们居住的世界扩展延伸出去，使人们不局限在现实的空间内，这才是数学最大的恩惠。要说到这一层，较详细的叙述实在无法免去。

假如我们想象有种在直线上生活的人，他的行动只有前进和后退，无论上下、左右都不能改变方向。如果我们在他的前后都加上极薄、极短的阻隔，并且不允许他冲破这个阻隔，那么他只有困死在里面了。

在我们看来，这是何等的可笑！脚一提或由左右一移动就得到生路了。但是这只是我们这些没有在直线方向活动的人替他想到的，他无法领会。

比他更进一步的人，假定他不但能在直线上活动，在平面内部也能活动。但是，只要在他所在的平面上，围绕他画一个圈，虽然这圈是用墨笔画的，看不出它的厚度来，但是只要不允许他冲破，也就可以限制他的活动，从而围困他了。

我们用我们的智慧可以指示他，叫他毫不费力地跳一下就可以出来。但是“跳”是上下的活动，是他不能理会的，所以这样的指示就和对牛弹琴一样，不能给他任何帮助，这也是我们作为旁观者认为可笑的。

我们笑他们，他们固然也只能够忍受了，或者他们和我们一样，不但不能领会别人的指示，而且永远想不到那样的指示是存在的。

这句话听起来似乎很惊异。但是我要提出一个问题：假如有人用一张很薄的纸做成箱子，将我们封闭在里面，不许我们扯破箱子，我们能够出来吗？不会困死在里面吗？

直线世界的人不会打破他前后的阻碍而无法出来，我们笑他；平面世界的人不会打破他四周的围圈而无法出来，我们笑他。那么我们自己呢，不过多了一条出路，即上下，如果把这条出路一同封住，也就只有坐以待毙了，难道这不应当受到讥笑吗？

这是不应当的，因为我们和他们有一点不同。他们的困难是我们所能战胜的，我们的困难是我们自己不能战胜的。因为除了前后、左右、上下三条路，没有第四条路。这样的解释，不过勉强用来安慰自己罢了。

我们在立体世界想不出第四条路，和他们在直线世界想不出第二条路，在平面世界想不到第三条路，不是一样的吗？不都是只凭各自的生活环境设想吗？

直线世界的人不能因他们的想象所不能及，而否认平面世界的人的第二条路；平面世界的人不能因他们的想象所不能及，而否认我们的第三条路。我们有什么权利因我们的想象不能及，而否认第四条路呢？

如果不将第四条路否认掉，那么第五、第六条路也就同样地难于否认了。有了三条路以外的路，不打破薄纸做成的纸箱，立体世界里除了愚笨的人，还有谁出不来呢？这样的说法，现实世界的人们除了惊讶摇头之外，只有用实际的生活作为武器来反对。

在立体世界的实际生活中，第四条路是找不到的。但是这样由合理的推论得到的理想世界，这里只是比喻，数学上自有基于理论的证明，使我们的精神生活不局限在时空以内，这是何等伟大的成就!

不费一矢，不伤一人，不和任何人相角逐，在立体世界以外，开拓了第四、第五等更多条路来。不占有而享受，精神世界的领域何等广袤！这就是数学所给予人们的!

3 数的启示

为了避开城市的喧嚣，我搬到了乡间居住。在屋子的窗外有一大片荒芜的草地，当我第一次进到屋子里面时，它所给我的，除了凄凉外，再没有别的什么了。

太阳将灰黄色的网覆盖着它，风又不时地从它的上面拂过，使它露出似乎透不过气来的神色。于是，生命的微弱，生活的紧张，我同时也感受到了。整整一个下午，我便在这样的心境中度过。

夜来了，上弦月挂在窗户的左角，那草地好像也静静休息着，将我的局促感也荡涤了去，而母亲的灵魂走进了我的心里。已有十七八年不曾见到她的身影，现在浮现在我的眼前，虽然免不了怅惘，同时也尝到些甜蜜。这是多么幸福呀！来自母亲灵魂的抚慰！

那时，我不过6岁，也是一个月夜，4岁的小妹和我倚傍着母亲坐在院子里，她教我们将手指屈伸着，数一、二、三、四、五……妹妹数不到三十就要倒回去，我也不过数到五十六七便也思绪不清。

母亲先是笑我们的愚笨，后来无论她怎样引导，我们还是没有一点进步。她似乎有些着急了，便开始责备我们："这样笨，还数不到一百。"从那时候起，我就有这样一个牢不可破的观念，不能把数目数清的人就是笨汉。

"笨汉"这个名词，从我们一家人的口中说出来，含有不少令人难堪之意，觉得十分可耻。我于是有些惶恐，总怕我永远不会数到一百个数，一百个数就是数的全体了，能将它数清的便是聪明人而非笨汉，我总是这样想。

也不知道经过多少日子，一百个数，我总算数清了，然而并不曾感到可以免当笨汉的快乐，多么不幸呀！刚将一百个数勉强数得清楚，一百以上还有一千，这个模糊的印象又钻进了我的脑海里。

不过，对于一千已经没有以前那样恐惧了，因为一千这个数是用两条草绳穿着的铜钱指示给我的。在那上面，左右两行，每行五节，每节便是一百。

我不会从一百零一顺着数到二百零一、三百零一以达到一千，但是我却知道所谓一千就是十个一百。这个发现，我当时尝试过好多铜钱串子，居然没有一次失败，我很高兴。

有一天，我倒在母亲的怀里这样问她："妈妈，十个一百是不是一千？"她笑着回答我一个"是"字，摸摸我的头。我真是欢喜极了，一连好几天，走进走出，坐着睡着，一想到这个发现，就感到十分快活。

可惜得很！这种快活感不久就被驱逐走了！原来，我已7岁，祖父正在每天教我读十多句《三字经》，终于读到一而十、十而百、百而千、千而万，还有什么亿、兆、京、垓、秭、穰、沟……都是十倍十倍的，完全将我的头脑弄昏了。从此觉得只有永远当笨汉！

这个恐惧虽然不是很严重地压迫着我，但是确实有很多次，在我的心上涂染了一些黑点。一直到我进入小学学数学，知道了加、减、乘、除，才将这个不能把数完全数清的恐怖念头深埋下去。

今夜，这些回忆将我缠绕得很紧，祖父和母亲那慈祥而和蔼的容颜，使我感到温暖、愉悦。同时对于数的不能理解，使我感到超过了恐怖的烦恼，无论怎样，我只想到一些数给我带来的困扰！

说实话，这时，我对于数这个奇怪的东西，比起那被母亲说我笨的时候，总是多了解一点了。然而，这对我有什么用处呢？正因为多知道了这一点，越把自己不知道的显现得更明白。

那居然能将一百个数数清时的快乐，那发现一千便是十个一百时候的喜悦，以后将不会再有了吧！它们正和我的祖父、我的母亲一般，只能在梦幻或回忆中来慰藉我了吧！

平时，把数写到十位二十位，不但是读起来不方便，就是真要计算和它们有关的数，也会觉得麻烦。在我们的脑海里，常常想到的数最多十位左右。超过这个限度，在我们的感知上，就和无穷大没有什么差别，这真是无可奈何。

有些数，我们可以用各种方法去研究它，但是我们却永远不能看见它的面目，这是多么奇特啊！随便举一个例子吧。

*M. Morehead*在1906年发现了这么一个数$2^{273}+1$，它是可以被$5\cdot 2^{75}+1$除尽的，就是说它不是一个质数，我们总算知道它的一点性质了。但是，它究竟是一个什么数呢？能用1、2、3、4……九个字排列成普通数一般的形式吗？

随便想想，这不过是乘法的计算，凭借我们已知的法则，一定可以将它算出来，但是实际上却做不到。先说它的位数，就很惊人了，它应当有$0.3\times 9444\times 10^{18}$位，比$2700\times 10^{18}$个数字排成的数还要大得多。

让我们来看2700×10^{18}（就是27后面有20个0）这个数，比如说，一个数字只有一毫米宽，这在平常已经算很小了，但是这个数排列起来，就得有2700×10^{12}千米长，可以把地球的赤道围绕60×10^{9}圈，甚至还要更长，我们怎么有这么长的绳子呢！

再说我们真正将它写出来（假如已经知道它），每秒钟写一个数字，每天足足写十个小时，一年三百六十五天不间断，要写多长时间呢？这很容易计算，$(2700 \times 10^{18}) \div (60 \times 60 \times 10 \times 360) = 2 \times 10^{14}$年。

像这么大的数，除了对它感到惊异，我们还能做点什么呢？但是，数这个珍奇的东西，不只本身可以使人们感到惊异，就是它的变化也能令我们吃惊。随便举一个例子吧！

有一天，八个同学围坐在一张八仙桌旁吃午饭，有两个同学因为选择座位而起了争论。由此，我便联想起了八个人排列的变化，现在把它作为一个问题进行讨论。

八个人围着一张八仙桌，调换着次序坐，究竟有多少种坐法呢？甲说十六，乙说三十二，丙说六十四……说来说去，没有一个人说到一百以上。这样的回答，与真实的数相差很远！

最终我们便呆板地算起来，两个人有两种排法，三个人有6种，就是$1 \times 2 \times 3$，推下去，四个人有24种，$1 \times 2 \times 3 \times 4$，五个人有120种，$1 \times 2 \times 3 \times 4 \times 5$……八个人便有40320种排法。

这样的数，虽然是按照理法计算出来的，然而没有一个人肯相信实际上真是这样，我们出乎意外地都有这样的意见。

我们八个人可以在那个学校的时间只有四年，就算一年三百六十五天都不离开，再加上有一年是闰年，应该多一天，总共也不过1461天。每日三餐，大家围坐那八仙桌不过4383次。每次变着排法坐，所能变化出来的花样，还不及那真实的数目的$\frac{1}{9}$。

数，它的本身，它的变化，使不可穷究的天地在我们的眼前闪烁，反照出我们多么渺小，多么微弱！

会数了一百还有一千，会数了一千还有一万，总是数不完，于是，连一百也不去数了。因为全世界的人，十三万年也不能将那一个数写出来。

几个人排来排去，很难将所有的花样排完，所以干脆死板地坐着一动不动。这样，不但可以遮盖自己的愚笨，还可以嘲笑别人的愚笨。呵！高人雅士，我们常常在被嘲笑之中崇敬他们，欣羡他们！

数，指出我们的渺小，高人雅士的嘲笑，并不能使我看出他们的伟大，反而使我感到莫名的烦恼和苦闷！然而这些烦恼和苦闷是从贪生出来的，我总是贪生的，我能得到另一条生路吗？

我曾经从一开始，一个一个地数到一百，但是对于一千，却是从一百一百地数而知道它是十个一百的。*M. Morehead*不知道$2^{273}+1$究竟是一个什么样的数，但是他却找出了它的一个因数。

八个人围坐在一张八仙桌的四周吃饭，用四年的光阴，虽然变化不完所有的花样，但是我们坐过几次，就会得到一个大家相安的坐法。从这上面，我得到了另一种启示。

人是理性的动物，这是一句很多人常常挂在嘴边的老话。说到理性，很自然地容易想到计较、打算。那么，怎样才能打算得清楚、计较得精明呢？我想最好是求助于数了。

不过这么一来，话又得说回来。要是真能用数打算、计较得一点不含糊，那结果也许会令人咂舌，甚至叫人觉得更加没有办法。

八个人坐八仙桌，有40320种坐法。在这40320种坐法当中，要想找出一种最中意的来，有什么方法呢？我们能够一种一种地排了来看，再比较，再选择，最后才按照最中意的去坐吗？这是极聪明、可靠的方法！然而同时也是极笨拙、极难做到的方法。所以恐怕是不可能的吧！

美酒佳肴摆满了一桌子，诱惑力有多大，有谁能够不对着它们垂涎三尺呢？要等着慢慢地排座位，谁愿意等待呢？然而就因为迫不及待，便胡乱坐下吗？不，无论哪个人都要经过一番选择才能安心。

在数的纷繁变化中，在它广阔的领域里，人们喜欢选择使自己安适的，而且居然可以选择到，这就是奇迹了。固然，我们可以用怀疑的态度来批评它，也许那个人所选择的并不是他所期望的。然而这样的批评，只好用在说空话的时候。

人真正在走着自己的路时，何等急迫、紧张、狂热，哪儿还管得了其他呢？平时，我们可以看到一些闲散之人，只要是他们想去的地方，即使明明知道时间来不及了，他依然还能够悠然地等候车辆。

然而，他的悠然只是他不紧张的结果。要是有人在他的背后用手枪逼着，除了到某个地方去，便无法逃命，他还能那般悠然吗？恐怕此时在他的眼前只是一片泥水塘，他也只好狂奔过去了。不过，这虽然是在紧迫的状态中，我们留心去看，他也还在选择，在当时他也总是按照他觉得最好的一条路走。

我们可能有一见如故的朋友，一会面就倾倒的恋人，这样的朋友，这样的恋人，才是真的朋友，真的恋人，他们才是真正能够使我们生活变得温暖的。然而我们之所以认识他们，正是在我们急迫的生活中，凭借一种莫名的力量选择的结果。

这个选择和一般的所谓打算、计较有着不同的意味，可惜它很容易受到所谓的理性的限制。倘若我们想要过上丰润的生活，就不得不让它温暖、自由地活动。

数是这样启示我的，要支离破碎地去追逐它，对它是无法理解的。真要理解，另有一条路在我们的生活中，好像也正有这样明朗的星光照耀着！

4 从数学问题说到我们的思想

大概在十六七年前，我从一部叫《镜花缘》的旧小说上，看到一个数学题的算法，觉得很巧妙，至今仍然记得。

那是一个关于鸡兔同笼的问题，但是，题目中的确切数字现在已经记不清了。假使笼子里一共有12个头，30只脚，要求出笼子里究竟有几只鸡、几只兔。

那部书上的算法很简便，先将脚的数目30折半，得15，用15减去头的总数12，得3，就是笼子里面兔子的数量；再用头的总数减去兔子的数量，得9，就是鸡的数目。真是一点不差，3只兔和9只鸡，一共恰好是12个头，30只脚。

仔细想一想，这个算法不但简便，还很有趣。把30折半，无异于将每只兔和每只鸡都顺着它们的脊背分成两半，而每只只留一半在笼里。这么一来，笼里每半只死兔都只有两只脚，而每半只死鸡都只有一只脚了。

至于头，鸡已被砍去一半，但是既是头，不妨就算它是一个。那么现在的情形是：每半只死鸡有一个头、一只脚，每半只死兔有一个头、两只脚，因此脚的总数还是比头的多。

之所以多的原因，显而易见，全是从死兔的身上多出来的，死鸡一点功劳没有。所以从15减去12剩的3，就是每半只死兔留下一只脚，还多出来的脚的数目。

然而，每半只死兔只能多出一只脚来，多了3只脚就证明笼里面有3个死的半只兔。原来，就应当有3只活的整兔。12只减去3只，还剩9只，这既不是兔，当然是鸡了。

这个题目是很常见的，几乎无论哪一本数学教科书，只要一讲到四则问题就离不了它。但是数学教科书上的算法，比起小说上的算法来，实在笨得多。为了方便，这里也写了出来。

数学书上是这么计算的：用2乘头数12，得24，再用30减去它，得6。因为兔有4只脚，鸡有2只脚，所以每只兔比每只鸡多出来2只脚。用2去除上面所得的6，恰好得3，这就是兔子的数量。有了兔的数量，要求鸡的数量，那就和小说上的方法没有两样了。

这方法真有点呆板！我记得在小学读数学的时候，为了要用2去除6，想了三天三夜都不明白——明明是脚除脚，忽然就变成头，现在，多吃了一二十年的饭，这个题目的算法，总算懂得了。

脚除脚，不过是纸上谈兵而已，并不是真的将一只脚去除另一只脚，所以变成头，甚至变化整个兔或鸡都没关系。正如上面所说，将每只兔或鸡分成两半，并非真用刀去砍，不过做比而已！

我一直都觉得，这样的题目总是小说上来得有趣，来得方便。近来因为一些机缘，再将它俩比较一看，结果却有些不同了。不但不同，简直是全然相反了。从中还得到一个教训，那就是贪便宜，最终得不到便宜。

所谓便宜，按照经济的说法，就是劳力小而成功大，所以一本万利，即如一块钱买张彩票中了奖，很轻易地就拿一万元，这是人人都欢喜的。说得冠冕堂皇一些，那就是科学上的所谓法则。

向着这条路走下去，越是可以应用得广泛的法则，越受人们崇拜。爱因斯坦的相对论，非欧几里得派的几何，也都是因为它们能够统领更大的范围，所以价值更高。

实际上，人们无论看见什么，都想知道它，都想用一种什么方法对付它，然而多用力气，却又不大愿意。于是，便整天想要找出一些放之四海而皆准的法则，总想有一天真能达到“纳须弥于芥子”的境界。这就是人类对于一切事物都希望从根源上寻找出一个基本的、普遍的法则来的理由。

因此学术一天一天地向前发展，人类所能了解的东西也就一天多过一天，但是这是从外形上讲。如果就内在说，那为人类所了解的，支配这些繁复事象的法则，却一天一天地简单，换言之，就是日见其抽象。

回到前面所举的数学题目上去，我们可以看出那两个法则的不同，随着就可以判别它们的价值，究竟孰高孰低。

我们先将题目分析一下，它总共含四个条件：（一）兔有4只脚；（二）鸡有2只脚；（三）总共12个头；（四）总共30只脚。这四个条件，无论其中有一个或几个变化，所求得的数就不相同，尽管题目的外形全部不变。

再进一步，我们还可以将题目的外形也变更，但是实质一样。举个例子说：“一百馒头，一百僧，大僧一人吃三个，小僧一个馒头三人分，问你大僧、小僧各几人？”

这样的题目，一眼看去，大僧、小僧和兔子、鸡毫不相干，但是如果追寻它们计算的基本原理，却毫无二致。

为了一劳永逸，我们需要一个在任何时候都可以运用的方法，无论题目的外形怎样变化。那么，我们现在就要问了，前面的两个方法，一个小说上的，巧妙的；一个教科书上的，呆笨的，是不是都有这样的力量呢？所得的回答，却只有否定了。

用小说上的方法，此路不通，就得碰壁。至于教科书上的方法，却还可以迎刃而解，虽然笨拙一些。

假定一百个人都是大僧，每人吃三个馒头，那就要三百个馒头，不是明明差了两百个吗？这可如何是好呢？只能在小僧的头上去揩油了。

一个大僧调换成一个小僧，有多少油可揩呢？不多不少，恰好$\frac{8}{3}$个（大僧每人吃3个，小僧每人吃$\frac{1}{3}$，3减去$\frac{1}{3}$余$\frac{8}{3}$）。

如果要问，需要揩上多少小僧的油，其余的大僧才可以每人吃到三个馒头呢？那么用$\frac{8}{3}$去除200，得75，这就是小僧的数目。再用100减去75得25，就是大僧的数目了。

将前面题目的计算顺序，和这里的比较，即可看出一点差别都没有，除了数量不相同。由此可知，数学教科书上的法则，含有一般性，可以应用得更广泛一些。

小说上的法则，既然那么巧妙，为什么不能用到这个外形不同的题目上呢？因为它缺乏一般性，我们试来对它进行一番检查。

这个法则的成立，需要有三个基本条件：第一，总共的脚数和两种的脚数，都要是可以折半的；第二，两种有脚的数目恰好差两只，或者说，折半以后差一只；第三，折半以后，有一种每个只有一只脚了。

这三个条件，第一个是随了第二、三个就可以成立的。至于第二、第三个条件并在一起，无疑是说，必须一种是两只脚，一种是四只脚。这就判定了这个方法，永远只适合兔子和鸡这类题目的解答。

我们另外举一个条件略微改变一点的例子，仿照这个方法计算，更可以看出它不方便的地方。由此也就可以知道，这方法虽然在特殊情形当中，有着意外的便宜，但是它非常硬性，推到一般的情形上去，反倒觉得笨重。

八方桌和六方桌，总共八张，总共有五十二个角，试求每种方桌各有几张？这个题目具备了前面所举的三个条件中的第一个和第二个，只缺第三个，所以不能完全用相同的方法计算。

先将五十二折半得二十六，八方和六方折半以后，它们的角的数目相差虽然只有一，但是六方的折半还有三个角，八方的还有四个角。

所以，在二十六个角里面，必须将每张桌折半以后的角数三只三只地都减去。总共减去三乘八得出来的二十四个角后，所剩的才是每张八方桌比每张六方桌所多出的角数的一半的倍数。所以二十六减去二十四剩二，这便是八方桌有两张，八张减去二张剩六张，这就是六方桌的数目。

将原来的方法用到这道题目上，步骤就复杂了，但是教科书上所说的方法，用到那些形式相差很远的例子上并不繁重，这就可以证明两种方法使用范围的广狭了。

越是普遍的法则用来解释特殊的事例，往往容易显出不灵巧，但是它的效用并不在使人得到小花招，而是要给大家一种可靠的、能够一以当百的方法。

这种方法的发展性比较大，它是建筑在一类事象所共有的原理基础上的。像小说上的方法，它的成立所需的条件比较多，因此它可运用的范围就小了。

暂且丢开这些，另举一个别的例子来看。如《周髀算经》中，就载有一个关于直角三角形的定理，所谓“勾三股四弦五”。这正和希腊数学家毕达哥拉斯（*Pythagoras*）的定理：“直角三角形的斜边的平方等于它两边的平方的和。”本质上没有区别。

但是由于二者表达的方法不同，它们的进展就大相径庭。从时间上看，毕达哥拉斯是公元前6世纪的人，《周髀算经》中记载的“勾三股四弦五”约在公元前11世纪，但是总不止二千六百年。然而为什么毕达哥拉斯的定理在数学史上有着很大的发展，而“勾三股四弦五”的说法，却没有新的突破呢？坦白地讲，这是因为它们所含的一般性已不相等了。

所谓“勾三股四弦五”究竟所表示的意义是什么？还是说三边有这样的差或比呢？固然已经学了这个定理，是会知道它真实的意义的。但是这个意义没有本质地存在于我们的脑海，却用几个特殊的数字硬化了，这算是思想发展的一个大障碍。

在思想上，如果让一大堆特殊的认识不相关联地存在，那么，普遍的法则是无从下手去追寻的。不能掌握一些事象的法则，就不能将事象整理得秩然有序，因而要想对于它们有更丰富、更广阔、更深邃的认识，也就不可能了。

我们根据“勾三股四弦五”这一种形式的定理，要去研究出钝角三角形或锐角三角形的三边关系，那就非常困难。所以现在我们还不知道，钝角三角形或锐角三角形的三边究竟有怎样的三个简单的数字的关系存在，也许压根就没有这回事吧！

至于毕达哥拉斯的定理，在几何上、在数论上都有不少的发展。现在只大略叙述一点。

在几何上，有三个定理平列着：

（一）直角三角形，斜边的平方等于它两边的平方的和。

（二）钝角三角形，对钝角的一边的平方等于它两边的平方的和，加上这两边中的一边和另一边在它的上面的射影的乘积的2倍。

（三）锐角三角形，对锐角的一边的平方等于它两边的平方的和，减去这两边中的一边和另一边在它的上面的射影的乘积的2倍。

只是这样说，也许不清楚，我们再用图和算式来表明它们。

（1）

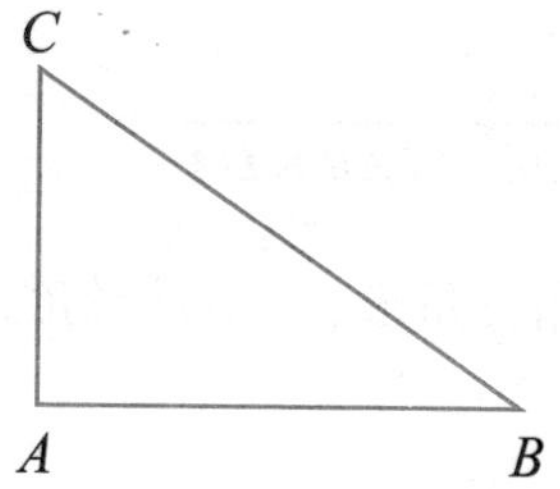

（2）

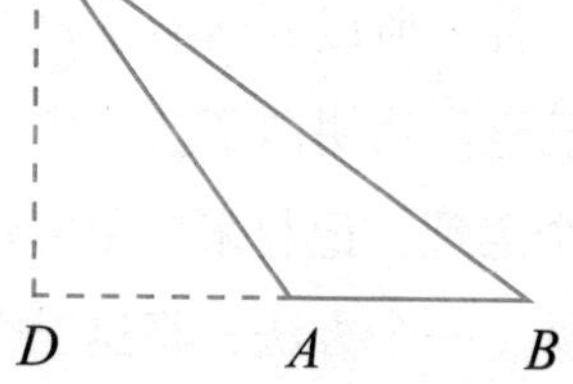

(3)

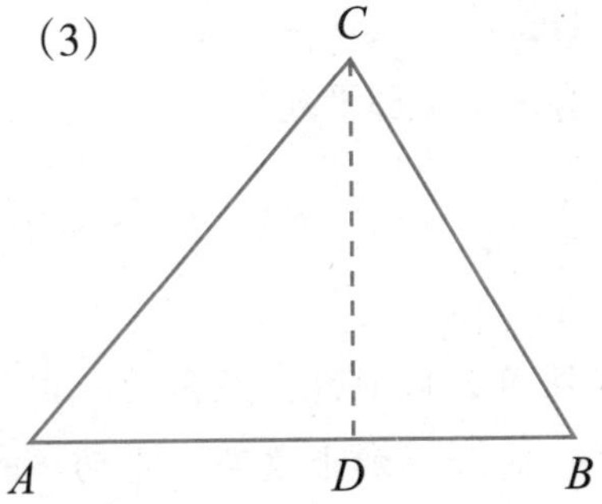

（1）是直角三角形，∠A是直角，BC是斜边，上面的定理可以用下面式子表示：

$$\overline{BC}^2=\overline{AB}^2+\overline{AC}^2$$

（2）是钝角三角形，∠A是钝角，上面的定理可以用下面式子表示：

$$\overline{BC}^2=\overline{AB}^2+\overline{AC}^2+2\overline{AB}\times\overline{DA}$$

（3）是锐角三角形，∠A是锐角，上面的定理可以用下式表示：

$$\overline{BC}^2=\overline{AB}^2+\overline{AC}^2-2\overline{AB}\times\overline{DA}$$

三条线段围成一个三角形，由角的形式上说，只有直角、钝角和锐角三种，所以既然有了这三个定理，三角形三边的长度的关系，已经全然明白了。

但是分成三个定理，记起来未免麻烦，还是有些不适于我们的懒脾气。能够想一个方法，将这三个定理合并成一个，岂不是奇妙无比吗？

人，一方面固然懒，然而所以容许懒，是因为另一方面有些人高兴而且能够替懒人想方法。我们想把这三个定理合并成一个，结果真有人替我们想出方法来了，他对我们这样说：

“你记好两件事：第一件，在图上，从C画垂线到AB，如果这条垂线正好和CA重在一块，那么D和A也就分不开，两点并成了一点，DA的长是零。第二件，如果从C画垂线到AB，这垂线是落在三角形的外面，那么，C点也就在AB的外边，DA的长算是‘正’的；如果垂线是落在三角形的里面，那么，D点就在AB之间，DA在上面是从外向里，在这里却是从里向外，恰好相反，这就算它是‘负’的。”

记好这两件事，上面的三个定理，就只有一个了，那便是：三角形一边的平方等于它两边的平方的和，加上这两边中的一边和另一边在它上面的射影的乘积的2倍。

如果用式子表示，那就是前面的第二个：

$$\overline{BC}^2=\overline{AB}^2+\overline{CA}^2+2\overline{AB}\times\overline{DA}$$

照上面别人的吩咐，如果$\angle A$是直角，DA等于零，所以式子右边的第三项没有了；如果$\angle A$是钝角，DA是正的，第三项也是正的，便要用前面两项的和加上第三项；如果$\angle A$是锐角，DA是负的，第三项也是负的，便只好用前面两项的和减去第三项。

到了这一步，毕达哥拉斯的定理算是很普遍、很单纯了。记起来方便，用起来简单，依据它要往前进展，自然容易得多。

上面只是讲到几何方面的进展问题，以下再来讲数论方面的问题，这和图没有关系，所以我们先将它用简单的式子写出来，就是：

$$x^2+y^2=z^2$$

从这个式子，可以发现许多有趣味的问题，比如x、y、z如果是相连的整数，能够合于这个式子的条件的，究竟有多少呢？

所谓相连的整数就是后一个比前一个只大1的，假如我们设y的数值是n，x比它小1，就应当是n减1，z比它大1，就应当是n加1，因为它们合于这个式子的条件，所以：

$$(n-1)^2+n^2=(n+1)^2$$

将这个方程式解出来，我们知道n只能等于0或4，而y等于0，x是负1，z是正1，这不是三个连续数。所以y只有等于4，x只有等于3，z只有等于5。真巧极了，这便是中国的老数学书上“勾三股四弦五”的说法！我们的老祖宗真是比我们聪明得多！

由别的方面，如果x、y、z都是整数，也还有许多性质可以研究，而且都是很有趣的，但是这里暂且不谈。

换个方向，不管x、y、z，来看它们的指数，如果那指数不是2而是n，那式子就是：

$$x^n+y^n=z^n$$

n如果是比2大的整数，x、y、z，就不能全都是整数而且还没有一个等于零。

这是数学上很有名的费马最后的定理（*Le dernier théorème de Femat*）。这个定理是在17世纪就说出来的，可惜他自己没有将它证明。一直到了现在，研究数学的人，既举不出反证来将它推翻，也还是找不出一般的证明法。现在只做到了这一步，n在一百以内，有了一些特殊的证法①。

关于数学的话题，说起来总是使看的人非常头痛，我不知不觉就写了这一大段，实在让人很抱歉，就此不再说它，言归正传吧！

我的本意只想找点例子来说明，我们的思想如果只向着特殊的范围去找精明、巧妙的法则，不向普遍的、开阔的方面发展，结果就不会有好的、多的收获。

前面所举的例子，将我们自己和别人进行比较，这就可以看出来，由于思想前进的方向不同，我们实在吃亏不小。所以我们要提倡真正的科学，不但是别人现在已经知道的，我们都应该知道，而且还要能够和别人排着队向前走，不断地赶超别人。

所谓提倡科学，第一要紧的，是要培养科学的头脑。什么是科学的头脑？第一步就是思想进展的抽象能力。有了这种能力。在千万纷纭繁杂的事象中，自然可以找出它们的普遍法则来支配它们，叫它们难以逃跑。

我这里所说的抽象，是依据了许多特殊的事例去发现它们的共同点。比如说，先有了一个鸡兔同笼那样的题目，我们居然找出了一个法则来计算它。然而我们却不可到此止步，我们应当找一些和它相类似的题目，来把我们所找出的

---

①. 1995 年，英国数学家安德鲁·怀尔斯证明了费马最后的定理。

法则推究一番。

我们用了八方桌和六方桌的例子检查出我们从小说上得来的方法，需要加些条件进去，才能解决我们的新问题。最初一折半后，一减就可得到答数，后来，却没有这么简单。这是为什么呢?

那就是因为最初碰到的一个例子，具有一个特殊的条件，即使我们将计算的步骤忽略了一段，也没有什么关系，所以原来的可以简单。

对于一般的例子来说，只好算是偶然的。即偶然的机会，包含在特殊的事象中，所以要除掉它，只有多收集一些特殊事实来比较。

有一个鸡兔同笼的题目，有一个八方桌和六方桌的题目，又有一个一百和尚吃馒头的题目，如果再去寻，比如还有一个题目是：十元钞票和五元钞票混在一只袋里，总共是十张，面值八十块钱，求每种几张。

将这四个题目并在一起，我们再去研究所要求的方法，一定可以得出一个较普遍的法则来。这不过是用来举例，我们所要求的方法，并不是只要能对付一类的题目就可以满足的。有了这种方法以后，我们还得将题目改变一下，使它更复杂些，再进一步求出更普遍的法则。

说到这里，关于鸡兔同笼这一类的题目，数学教科书上四则问题中所给我们的，也就不是真正的普遍问题了。假如在笼子里的不只是兔子和鸡，还有别的三只脚、五只脚的什么东西，那么它就一样不够用了，于是我们又有了混合比例的法则。归根结底，这一类的题目，混合比例的说明才是普遍的、根本的。

平常我们很喜欢想大题目，同时又不愿注意到一个一个的特殊事实，其结果只是让我们闭着眼睛去摸索。大家既丢开了事实不提，又可以说出一些无法对证的道理来。然而，真是无法对证吗？绝对不是。

倘使我们整天只关在屋子里，那么你说地球是方的也好，圆的也好，就算你说它是三角的、五角的，也没有什么不好。

但是如果有一天你居然走出了大门，而且走得还很远，竟走到了前面就是汪洋大海的地方，你又看到有些船开到远处去，有些船从远处开来，你就会觉得说地球是三角的、五角的、方的都不对，你不得不承认它是圆的。这，就和真相接近了。

走出大门和关在屋子里有着极大的不同，那就是接触的事象，一个很复杂，一个却很简单。

真正的抽象是要根据事实的，根据的事实越多，所去掉的特殊性也随之更多，那么留存下来的共通性自然越是普遍了。所谓科学精神就是耐心去搜寻材料，静下心来去发现它们的普遍法则。所谓科学的头脑，就是充满精神的头脑！

指南针，我们很早就知道了它的作用！但是如果要问：它为什么老是指着南方呢？我们有什么理由可以相信它，决不会和我们开玩笑，来骗我们一两回呢？

瓷器，我们看得出它的质地优良，造型优美，但是如果要问：瓷器的釉是哪几种原素？“原素”这个名字，已够新鲜了，还要说有多少种？

这些都是知其然而不知其所以然，大概批评得很对。凡事都只知其然，而不知其所以然，那所知的也就很不可靠！要想使它进步、发展，都不是靠知其然就能行的。

假如我们没有充分的抽象力量，就只能将一些事实聚在一块，却不能发现它们真正的因果关系，因而我们也找不出一条真正趋吉避凶的路，于是我们只好踉踉跄跄地彷徨！所以我们要找出它们真实的、根本的原因，那就要倚靠我们的思想当中的抽象力！

5 恨点不到头

新年到了，各位也许在做“掷状元红”的游戏吧！那我们今天的课就从“掷状元红”开始讲吧。

把六颗骰子掷到同一个碗里，碰巧出现五个“六”和一个“五”，这就叫做“恨点不到头”。

真是可恨，这个名堂不过只能到手一个状元，如果那一点到了头，六颗骰子都是“六”，就算全色，就不只到手一只三十二注的状元签了。所以全“六”比“恨点不到头”高贵得多。

再说，如果别人掷出一个名堂叫“火烧梅花”，也就是五个“红”①一个“五”，那么他就有权利把你已经得到的状元夺走，让你不过空欢喜而已，所以，“红”又比“六”更高贵一些。

玩骰子的朋友们，虽然赌的不过是香签棍或小石子，但是输赢也与各人的颜面有关，所以谁都不想输，谁都希望红多，谁都希望全六，然而它们出现是多么难的事情啊！

不是吗？掷出一个“红”可以得到一个秀才，掷出两个“红”可以得到一个举人，然而偏偏总是一颗“幺”②、两颗“幺”滚出来的时候多。玩骰子的朋友，大概都有过这样的经历吧！

①. 指骰子中的四点。
②. 指骰子中的一点。

这是什么缘故呢？是骰子本身的构造就不可靠吗？还是有人故意做得叫红不容易出现呢？当然都不是。做骰子的人，并不是靠玩骰子赢钱过日子的，他何苦替别人多费这样的心思呢，难道还真有谁会感谢他吗？

先来讲一个非常简单的例子，那就是猜硬币。一个人在桌子上把硬币旋转起来，随手按下去，叫你猜那硬币朝上的是“正面”还是“反面”。这虽然是一个小游戏，但是也一样可以赌输赢。

一个硬币只有两面。所以任它乱转，结果出现其中任何一面的机会，都是偶然。在这偶然中如果只希望出现其中一面，那么，达到这希望的机会都只有一半。按照数学上的说法，就是$\frac{1}{2}$，这个数在数学上称为旋转一个硬币出现其中一面的概率。

一个硬币是两面，所以它转动的结果，“可能”出现的不同结果有两个。你指定要其中一面，也就是说只有一面能满足你的愿望。所以概率的基本原理是：

> 一件事，在机会均等的场合，“成功数”对于“可能数”的“比”，就是它的“概率”。

这个原理，有两点应当注意：第一，就是要在机会均等的场合。有人常常说，专门放赌的人，他的骰子里面灌有铅，所以赢的一面不容易滚出，这就是机会不均等。

严格地说，事实上的机会均等是没有的。这正如事实上没有真正的圆，没有真正的直线，没有真正的平面一般，但是这和我们讨论的原理、法则没有关系。

第二点应当注意的，也可以说是概率的基本性质，概率总是比1小。如果等于1，那就成为必然了。比如你将一个硬币两面都涂上红色，要转出红色的一面，那必然可以转出来。

除此之外，还有一点也很重要，我们按照理论计算出来的概率，要在实验次数足够多的时候，才能和事实相近，实验的次数越多，相近的程度也就越大。

用一个硬币旋转两三次，结果也许全是正面，或全是反面，但是如果转到一千次、一万次、十万次，你就可以看出正面或反面出现的概率，渐渐接近于$\frac{1}{2}$。

有句俗话：“久赌必输。”这就是因为成功的概率天生就比1小，赌的次数越多，这个概率越准。

成功的概率比1小，反过来，失败的概率也比1小，但是它们的和却恰好等于1，这很容易想明白，不用再说明了。

按照旋硬币的例子来看掷骰子：一颗骰子有1、2、3、4、5、6共六面，所以掷到碗里“可能”出现的样子有6种。如果你指定要的是4，那么成功的情形只有1种，所以它的概率只有$\frac{1}{6}$；而失败的数，却是$\frac{5}{6}$。两个相加，恰好是1。

如果你老是和别人赌一种，久赌你当然会输。比如你第一次赌一个钱，你也只想赢个对本，失败了；第二次你就赌两个，再失败；第三次赌四个……总之，把以前输的钱加上1倍去赌，妄想有一天能把钱赢到手。

然而，朋友！要紧的是你得有那么多钱，不然别人的概率是$\frac{5}{6}$，你的只是$\frac{1}{6}$，结果总是要你输的。

假如我们的骰子是特制的，有一面是2，两面是3，三面是4，那么，掷到碗里可能出现的结果仍然是6种，出现2的概率便是$\frac{1}{6}$；出现3的概率是$\frac{1}{3}$；出现4的概率是$\frac{1}{2}$。

再举一个例子：比如一只口袋里面只有黑白两种棋子，黑的数目是p，白的数目是q，那么随手摸一颗出来，这颗棋子是黑的，它的概率是$\frac{p}{p+q}$。反过来它要是白的，概率便是$\frac{q}{p+q}$。两个相加恰好是$\frac{p+q}{p+q}$，等于1。

看了这几个例子，概率的概念和基本原理大概可以明白了吧！但是仅凭这一点简单的原理，还不能说明我们所提出的问题。

因为上面的例子，说到的硬币只有一个，说到的骰子也只是一颗，就是最后的例子，也只是摸出一颗黑棋子，或摸出一颗白棋子的概率。

现在，我们进一步来看比较复杂的例子，比如把两颗骰子掷到碗里，要计算出现全“红”的概率；以及从上面的口袋中连摸两颗棋子，计算两颗都是白的的概率。

暂且将这两个问题丢下，我们先来看另外的一个例题。比如，一只口袋里有红、白、黑、绿四种颜色的棋子，红的3颗、白的5颗、黑的6颗、绿的8颗，我们伸手在袋里任意摸出一颗来，要它是红的或黑的，这样，它的概率是多少呢?

第一步，我们知道，这只口袋里面所有的棋子总共是：

$$3+5+6+8=22$$

所以随手摸一颗出来，可能出现的样子是22种。在这22颗棋子当中只有3颗是红的，所以摸一颗红棋子出来的概率是$\frac{3}{22}$。同样的道理，摸一颗黑棋子出来的概率是$\frac{6}{22}$。

无论红棋子出现或黑棋子出现，我们的目的都算达到了，所以我们成功的概率，应当是它们两个概率的和，就是：

$$\frac{3}{22}+\frac{6}{22}=\frac{9}{22}$$

一般来说，如果口袋里棋子的种类分为A_1、A_2、A_3……，每种的数目分别是a_1、a_2、a_3……，那么，摸一颗棋子出来是A_1的概率便是$\frac{a_1}{a_1+a_2+a_3+\cdots\cdots}$，是$A_2$，$A_3$……的概率是：$\frac{a_2}{a_1+a_2+a_3+\cdots\cdots}$，$\frac{a_3}{a_1+a_2+a_3+\cdots\cdots}$……如果我们所要的是某几种中的一种出现，那么，成功的概率就是这几种各自出现的概率的和。

再举一个例子，比如一只口袋里有白棋子5颗，黑棋子8颗，我们连摸两次，第一颗要白的，第二颗要黑的（假如第一颗摸出仍然放回去），这个成功的概率是多少呢？

这个问题，猛地看上去好像似乎和前一个没有什么区别，但是仔细一想，完全不同。

口袋中的棋子是5加8，总共13颗，所以第一次摸出白棋子的概率是$\frac{5}{13}$，第二次摸出黑棋子的概率是$\frac{8}{13}$，这都很容易明白。

但是现在的问题是，我们成功的概率是不是$\frac{5}{13}$和$\frac{8}{13}$的和呢？它们两个的和恰好是1。前面已经说过，概率总比1小，如果等于1，那就成为必然的了。

事实上，我们的成功不是必然的，可见按照前面的例子将这两个概率相加，是错误的。那么，怎样求出我们成功的概率呢？

仔细思索一下这两个例子，我们成功的条件虽然都是两个，但是在这两个例子中，两个条件的关系却大不相同。前一个例子，两个条件：出现红的或出现黑的，无论哪个条件成立，我们都算成功。换句话说，就是只需有一个条件成立。

在第二个例子中却必须有两个条件：第一颗白的，第二颗黑的，都成立。第一次摸出的是白棋子，第二次摸出的却不一定是黑棋子。因此，在第一个条件成功的希望当中，还只有一部分是完全成功的希望。

按照上例的数字来说，第一个条件的成功概率是$\frac{5}{13}$，而第二个条件的成功概率是$\frac{8}{13}$。我们全部成功的概率，在$\frac{5}{13}$当中还只有$\frac{8}{13}$，就是：

$$\frac{5}{13}之\frac{8}{13}=\frac{5}{13}\times\frac{8}{13}=\frac{40}{169}$$

因为这两种概率的性质截然不同，在数学上就给它们各起一个名字，前一种叫“总和的概率”，后一种叫“构成的概率”。前一种是将各个概率相加，后一种是将各个概率相乘。前一种的性质是各个概率只需有一个成功就是最后的成功；后一种的性质是各个概率必须全都成功，才是最后的成功。

事实上，我们所遇见的问题，有些时候，两种性质都有，那就得同时将两种方法都用到。

假如第二个例子，不是限定要第一次是白棋子，第二次是黑棋子，只需两次中的颜色不同就可以。那么，第一次是白棋子，第二次是黑棋子，它的概率是$\frac{5}{13}\times\frac{8}{13}$；而第一次是黑棋子，第二次是白棋子，它的概率是$\frac{8}{13}\times\frac{5}{13}$。这都属于构成的概率的计算。

但是无论是先白后黑，或先黑后白，我们都算成功。所以我们成功的概率，就这两种情况来说，是属于总合的概率的计算，而我们所求的数是：

$$\frac{5}{13}\times\frac{8}{13}+\frac{8}{13}\times\frac{5}{13}=\frac{40}{169}+\frac{40}{169}=\frac{80}{169}$$

概率的计算是极有趣味而又最需要小心的，对于题目上的条件不能掉以轻心，但是这里不是专门讲它，所以我们就回到开始的问题上去吧！

六颗骰子掷到同一个碗里，滚来滚去，究竟会出现多少花样呢？关于这个问题，先得假定一个条件，就是我们能够将六颗骰子辨别得清楚。

按照平常的情形，只要掷出一颗“红”，就是秀才，无论这颗“红”是六颗骰子当中的哪一颗，这样，数目就简单了。

依据这个假定，按照排列法计算，我们总共可以掷出的花样，应当是6的6次方，就是46656种；但是如果六颗骰子完全一样，不能分辨出来，那就只有7776（$6^6\div 6$）种了。

在这46656种花样当中，出现一颗“幺”的概率有多少呢？我们假定六颗骰子是可以辨别清楚的，那么不妨先从某一个骰子出现“幺”的概率来讨论。

因为我们只要一颗“幺”，所以除了这一颗指定要它出现“幺”以外，其他的五颗都必须掷出其他的五面来才可以成功。换句话说，就是其余的五颗骰子必须不出现“幺”。

按照概率的基本原理，指定骰子出现“幺”的概率是$\frac{1}{6}$，其他五颗骰子不出现“幺”的概率，每个都是$\frac{5}{6}$。又因为最后成功需要这些条件同时存在，所以这应当是构成的概率的计算法，它的概率是：

$$\frac{1}{6}\times\frac{5}{6}\times\frac{5}{6}\times\frac{5}{6}\times\frac{5}{6}\times\frac{5}{6}=\frac{3125}{46656}$$

但是，无论六颗骰子当中的哪一颗滚出“幺”来，都符合我们的要求，所以我们所求的概率，应当是这六颗骰子每一个出现“幺”的概率和总和。那就等于6个$\frac{3125}{46656}$相加，即是：

$$\frac{3125}{46656}\times 6=\frac{3125}{7776}$$

我们一看这个数字差不多接近$\frac{1}{2}$，所以这概率算是比较大的。依照这个计算法，我们可以掷出两个“幺”来的概率是：

$$\left(\frac{1}{6}\times\frac{1}{6}\times\frac{5}{6}\times\frac{5}{6}\times\frac{5}{6}\times\frac{5}{6}\right)\times 15=\frac{9375}{46656}=\frac{3125}{15552}$$

照推下去，可以掷出3，4，5，6个“幺”的概率是：

$$\left(\frac{1}{6}\times\frac{1}{6}\times\frac{1}{6}\times\frac{5}{6}\times\frac{5}{6}\times\frac{5}{6}\right)\times 20=\frac{2500}{46656}=\frac{625}{11164}$$

$$\left(\frac{1}{6}\times\frac{1}{6}\times\frac{1}{6}\times\frac{1}{6}\times\frac{5}{6}\times\frac{5}{6}\right)\times 15=\frac{375}{46656}=\frac{125}{15552}$$

$$\left(\frac{1}{6}\times\frac{1}{6}\times\frac{1}{6}\times\frac{1}{6}\times\frac{1}{6}\times\frac{5}{6}\right)\times 6=\frac{5}{7776}$$

$\frac{1}{6}\times\frac{1}{6}\times\frac{1}{6}\times\frac{1}{6}\times\frac{1}{6}\times\frac{1}{6}=\frac{1}{46656}$（注意这里不用6去乘了）

将这六个概率一比较，可以清楚地看出来，概率依次减小，六颗“幺”的概率只有五颗“幺”的$\frac{1}{30}$，是一颗“幺”的不过$\frac{1}{18750}$。所以事实上，六颗骰子掷到碗里，滚出全色的

“幺”来是非常少有的。

在理论上，一颗骰子出现1、2、3、4、5、6的机会是均等的，所以出现一颗“红”的概率也是$\frac{3125}{7776}$，并不比出现一颗“幺”难。同样的理由，出现五颗“六”或五颗“红”的概率也和出现五颗“幺”的一样，仍然是$\frac{5}{7776}$，而全“六”或全“红”的概率也只有$\frac{1}{46656}$。

这就可以再进一步来看“恨点不到头”和“火烧梅花”的概率了。它不但是要五颗出现“六”或“红”，而且还要剩下的一颗出现的是“五”。

按照通常的道理来看，第二个条件的概率当然是$\frac{1}{6}$。但是在这里却有一点要注意，$\frac{1}{6}$这个概率是由一颗骰子有六面而来的。然而就第一个条件来讲，已经限定是五颗“六”或“红”，这颗就绝不能再是“六”或“红”。

因此六面中得有一面需要先除掉，只有五面是符合条件的，所以第二个条件的概率应当是$\frac{1}{5}$，而那两个情形各自出现的概率便是：

$$\frac{5}{7776}\times\frac{1}{5}=\frac{1}{7776}$$

从这计算的结果，我们可以知道，全色比五子出现的概率小，我们觉得它难出现，这很合理。至于把“红”看得比“幺”高贵些，只是一种人为的约束，并不是它比“幺”难出现，到此我们的问题就算解决了。

也许，还有的人不满足，因为我们所得出的只是客观的理论，和主观的经验好像不大一致。我们将骰子掷到碗里时，满心不愿意“幺”出现，而偏偏常常见到的都是它。

要解释这个疑团倒很容易，你只需要多试验几次，改过来，出现一个“幺”得一个秀才，出现两颗“幺”得一个举人。你就可以看出来，“红”又会比幺容易出现了，这是不是因为骰子也和人们一样有意志，而且习惯为难我们呢？

这只不过是人们的主观经验罢了。因为人们的注意力只会集中到“红”上面去，它的出现就使我们感到欣喜。“幺”的出现是我们所不希望的，所以厌恶它，仇人相见分外眼明，就觉得它常常滚了出来。

如果我们能够耐下心来，把各个数每次出现的数目都记录下来，一直记到几百几千几万次，再将它们统计一下，这才是纯理性的、客观的。这个经验一定和我们平常所得到的大相径庭，而和我们计算的结果相近。

所以，科学的方法第一步是观察和实验，要想结果可靠，观察者和实验者的头脑必须保持冷静。

像掷骰子这类游戏，我们可以凭借数字将它的变化计算出来，使我们得到一个明确的认识。但是别的现象，因为它本身的复杂性，以及科学没有达到充分进步的境界，我们就无法得到明确的认识，因而要除去情感和偏见就更不容易了。

类似于掷骰子的情况，我们要举起例子来，那真是俯拾即是，不胜枚举。这里再来随便说几个，以证明有时我们在日常生活中是多么不理性。

比如你家里有人生了病，你正着急万分，有一位朋友好心来看望你，他给你介绍医生，给你说偏方。你听他满口说出的都是那医生医好了人的例子，和那偏方的神奇功效。然而假如你信以为真，你也许不免要倒一次大霉。

那么你会讨厌他吗？他是好心帮你，并不是存心要欺骗你，只是他不会注意到有多少人上过那偏方的当。

又比如前几年彩票风行的时候，你听那些买彩票的人，他们口里所讲的都是哪一个穷困的人，东拼西凑地买了一张彩票，就中了头彩。不然就是某个人也得了大奖，但是你绝不会听到他们说出一个因为买彩票而倒霉的人来。

他们一点都不知道吗？不是的，也许他们自己就连续买了好多次却不曾中过，但是这种事实不利于他们，所以不高兴留意，也就不容易想起来。即使想起来了，他们总还想着即将到来的一次不会和以前一样。

确实，在我们的日常生活中，我们喜欢保留在记忆里的，总是有利于我们的事实。我们的生活是否应当完全受冷静的、理性的支配？即使应当，究竟有没有这样的可能呢？

要想整理事象，第一步就必须先将那些事象看得明了、透彻。偏见和感情好比一副有色眼镜，这副眼镜架在鼻梁上面，两眼就没法把外面的真实色相看得清楚。所以，踏进科学领域的第一步，是观察和实验。

在开始观察和实验之前，必须得先从鼻梁上将那副有色的眼镜摘下来。

观察和实验说来很简单，只要去看、去实验就好了，但是真能做得好，简直可以说已经踏到了科学领域的一半。

容许我再来说一段笑话吧！从前，有一户人家的小少爷生病了，要去请医生。因为他们家丫鬟的眼睛能够看得见冤鬼，主人便差使她去。临出门时，嘱咐她看见那医生的后面跟着冤鬼最少的，就请回来。

丫鬟到街上走来走去，果然看见了一位背后只跟着一个冤鬼的医生，于是请回了家，并且将她看见的情形，背着医生告诉了主人。主人非常高兴，对那位医生十分尊敬，还和医生谈了不少话，最终问他行了几年医时，他的回答是："今天上午刚开始，只医过一个人。"

朋友！这笑话有趣吗？我们研究科学的时候，最痛苦的是没有可以看清冤鬼的眼睛，但是即使有，就不会错吗？

我写这篇的意思，原不过是想说明在日常生活中，我们容易被眼前的事实欺骗，将真实的事象掩盖。因为说起来觉得方便，就用了掷骰子来举例。

写到这里觉得有个大缺点，就是前面说的，都不是观察和实验的结果，只是一种原理的演绎。假如真的有人肯将六个骰子掷过几十万次，每次的情形都记录下来，在研究上，那个材料比这单纯从理论推演而来的，更有意义。

如果我们真要研究问题时，最好还是先从观察和实验做起。依靠现成的理论来演绎，一不小心，我们所依靠的理论就会统治着我们，成为我们的有色眼镜，不是吗？在科学的研究中，归纳法比演绎法更为重要啊！

6 堆罗汉

堆罗汉这种游戏，在学校中很常见，这里就拿它举例：从最下排开始往上数，每排次第减少一个人，直到顶层上只有一个人为止。

像这类依序相差同样数的一群数的和，在数学上，被叫做等差级数（即“等差数列的前几项和”）。关于等差极数的计算，其实并不难懂。这里只讲从1开始，到某一数为止的若干个连续整数的和，用式子表示出来，就是：

（1）$1+2+3+4+5+6+7+\cdots\cdots$

和这个性质相类似的，还有从1起，到某数为止的各整数的平方和、立方和，就是：

（2）$1^2+2^2+3^2+4^2+5^2+6^2+7^2+\cdots\cdots$

（3）$1^3+2^3+3^3+4^3+5^3+6^3+7^3+\cdots\cdots$

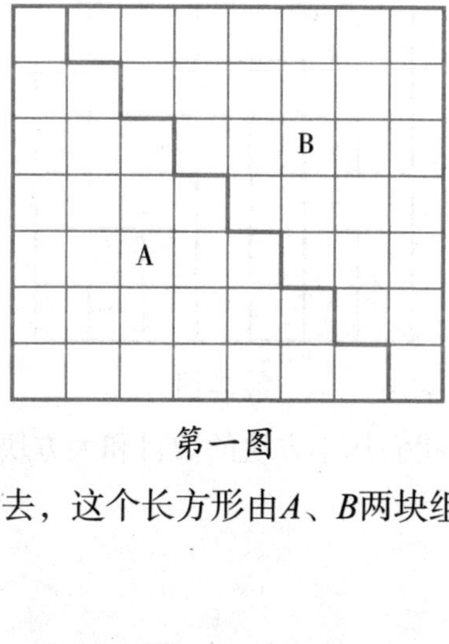

第一图

从第一图看去，这个长方形由A、B两块组成，而B恰好是

A的倒置，所以：

$A=1+2+3+4+5+6+7$

$B=7+6+5+4+3+2+1$

A、B的总和是相同的，各等于整个矩形的面积的一半。至于这个矩形的面积，只要将它的长和宽相乘就可以得出，它的长是7+1，宽是7，因此面积就是：

$7\times(7+1)=7\times 8=56$

而A的总和正是这56的$\frac{1}{2}$，由此我们就得出一个式子：

$$1+2+3+4+5+6+7=\frac{7\times(7+1)}{2}=\frac{7\times 8}{2}=28$$

这个式子推到一般的情形中去，就变成了：

$$1+2+3+4+\cdots\cdots+n=\frac{n(n+1)}{2}$$

第二、第三个例子，我们也可以用图形来研究它们的结果，不过比较繁杂，但是也更有趣味，现在分开来讨论。

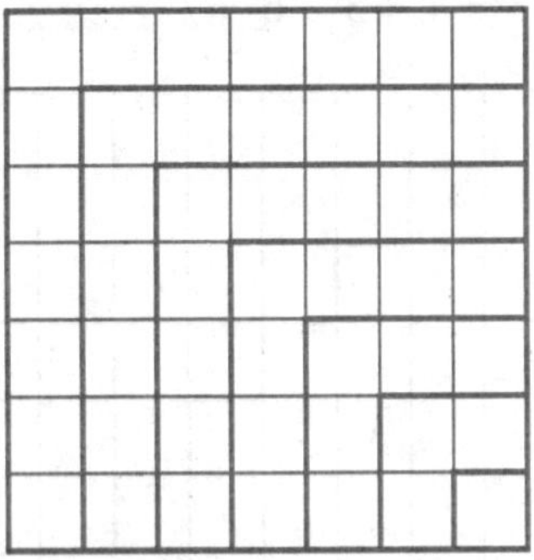

第二图

从第二图，我们从小方块的数目和大方块的关系，很明白地可以看出来：

$1^2=1$

$2^2=1+3$

$3^2=1+3+5$

$4^2=1+3+5+7$

……

$7^2=1+3+5+7+9+11+13$

如果用文字来说明，就是2的平方恰好等于从1起的2个连续奇数的和；3的平方恰等于从1起的3个连续奇数的和，一直推下去，7的平方就是从1起的7个连续奇数的和。

所以，如果要求从1到7的7个数的平方和，只需将上列七个式子的右边相加就可以了。虽然这个方法没有什么不合理的地方，但是不简便，且从中要找出一般的式子也不容易，因此我们得另找一条路。

试将各式的右边表示的和，照堆罗汉的形式堆起来，我们就得出第三图的形式：（为了简便，只用1、2、3、4四个数）

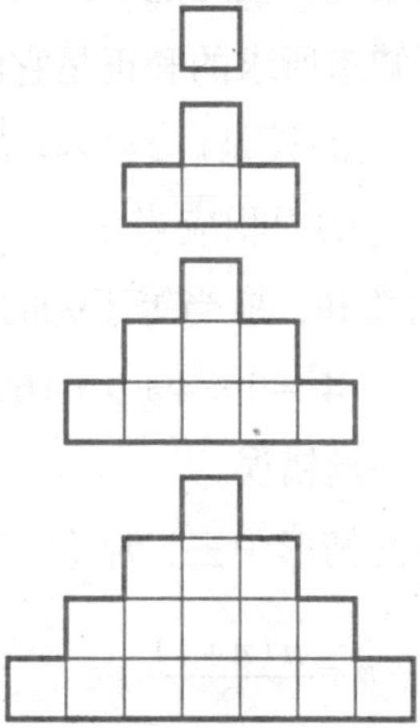

第三图

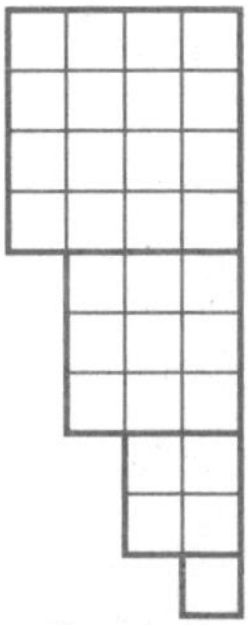
第四图

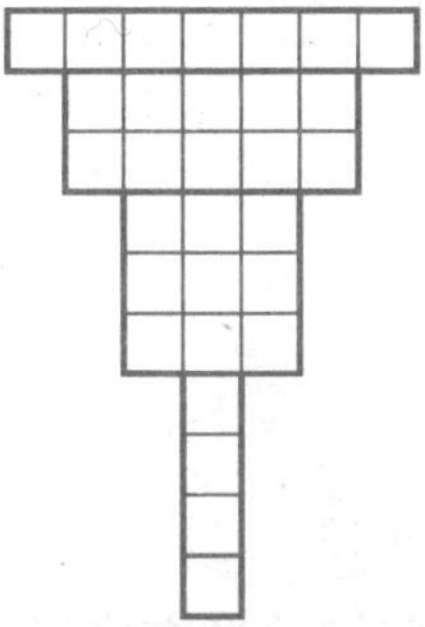
第五图

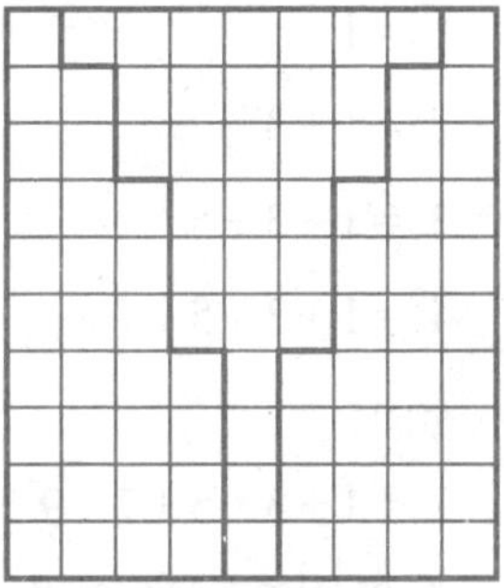
第六图

从第三图，可以得出这样的结果：$1^2+2^2+3^2+4^2$这个总和当中，有4个1，3个3，2个5，1个7。所以我们要求的总和，依前一个形式可以排成第四图，依后一个形式可以排成第五图。

将它们比较一下，我们马上就知道如果将第四图倒置，拼到第五图，那么左边就没有缺口了；如果将第四图不但是倒置而且还翻一个身，拼成第六图，那么，右边也就直了。所以用两个第四图和一个第五图，刚好能够拼成第六图那样的一个矩形。由它，我们就可知道所求的和正是它的面积的$\frac{1}{3}$。

至于这个矩形：它的长是$1+2+3+4=\frac{4\times(4+1)}{2}=10$，宽却是$4+1+4=9$。因此，它的面积应当是$10\times9=90$，而我们所要求的$1^2+2^2+3^2+4^2$的总和，应当等于90的$\frac{1}{3}$，那就是30。按照实际去计算$1^2+2^2+3^2+4^2=1+4+9+16$，也仍然是30。由此可知，这个观察没有一丝错误。

如果要推到一般的情形中去，那么，第六图矩形的长是：

$$1+2+3+4\cdots\cdots+n=\frac{n(n+1)}{2}$$

而它的宽却是：

$n+1+n=2n+1$

所以它的面积就应当是：

$$(1+2+3+4\cdots\cdots+n)(n+1+n)=\frac{n(n+1)(2n+1)}{2}$$

这就可证明：

$$1^2+2^2+3^2+4^2+\cdots\cdots+n^2=\frac{n(n+1)(2n+1)}{6}$$

比如，我们要求的是从1到10十个整数的平方和，n就等于10，这个和便是：

$$\frac{10\times(10+1)\times(2\times10+1)}{6}=\frac{10\times11\times21}{6}=385$$

说到第三个例子，因为是数的立方的关系，照通常的想法，只能用立体图形来表示，但是如果将乘法的意义加以注意，用平面图形来表示一个立方，也不是完全不可能。

先从2^3说起，按照原来的意思本是3个2相乘，那就是$2\times2\times2$。这个式子我们也可以想象成$(2\times2)\times2$，这就可以认为它所表示的是2个2的平方的意思，可以画成第七图的A，再将形式变化一下，可得出第七图的B。

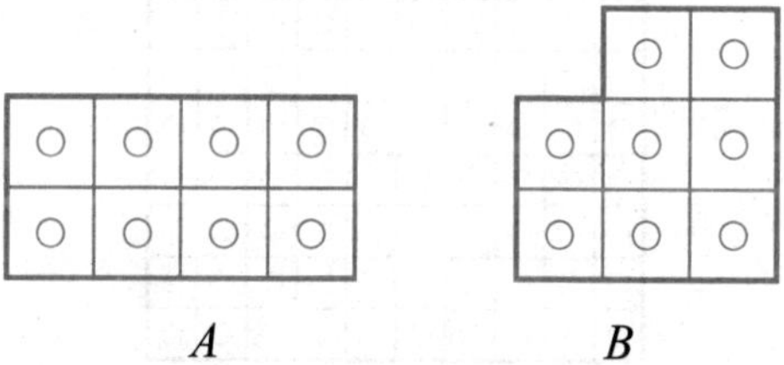

第七图

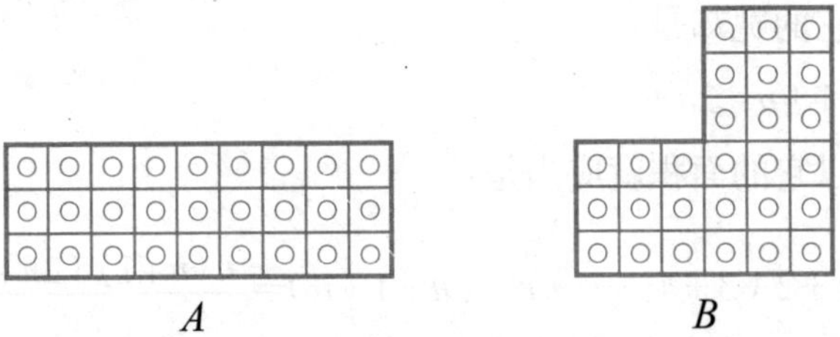

第八图

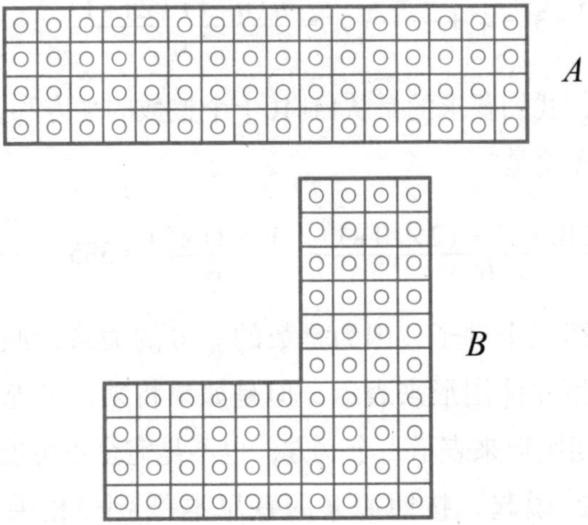

第九图

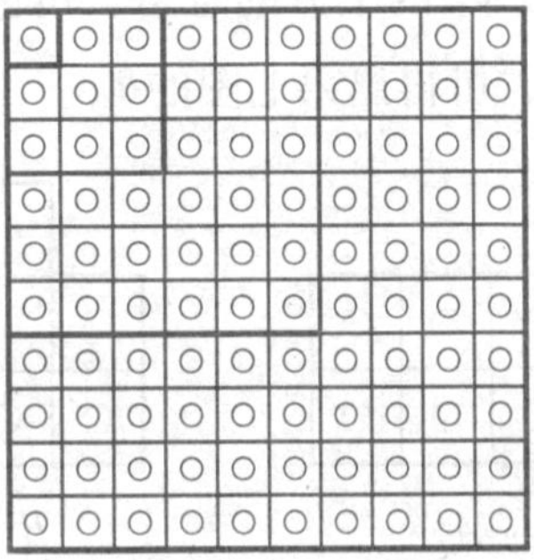

第十图

同样地，3^3可以用第八图的A或B表示，而4^3可以用第九图的A或B表示。

仔细观察一下第七、八、九图的B，我们得出下面的关系：

第七图的B的缺口恰好是1^2，但是1^3和1^2，我们用同一形式表示，在意义上没有很大的差别，所以1^3刚好可以填2^3的缺口。

第八图B的缺口，每边都是3，这和第七图B的外边相等，可知1^3和2^3一起，又正好可将它填满。

最后，第九图的B的缺口每边都是6，又恰等于第八图B的外边。因此1^3，2^3和3^3并在一起，也能将它填满。按照这个填法，我们便得到第十图，它恰巧是$1^3+2^3+3^3+4^3$的总和。

从另一方面来说，第十图只是一个正方形，每边的长都等于：

$$1+2+3+4$$

所以它的面积应当是（$1+2+3+4$）的平方，因此我们就证明了下面的式子：

$$1^3+2^3+3^3+4^3=(1+2+3+4)^2$$

但是这式子右边括弧里的数，按照第一个例子应当等于：

$$1+2+3+4=\frac{4\times(4+1)}{2}=10$$

因此：

$$1^3+2^3+3^3+4^3=(1+2+3+4)^2=\left[\frac{4\times(4+1)}{2}\right]^2=10^2=100$$

推到一般的情形中去：

$$1^3+2^3+3^3+4^3+\cdots\cdots+n^3=(1+2+3+4+\cdots\cdots+n)^2=\left[\frac{n\times(n+1)}{2}\right]^2$$

上面的三个例子，我们都只根据几个很小的数字的观察，便推到一般的情形中去，从而得出一个含有n的公式。n代表任何整数，这个推证究竟可不可靠呢？换句话说，我们的推证有没有别的根据呢？

按照实际的情形来说，我们已得出的三个公式都是对的。但是它对不对是一个问题，我们的推证法可不可靠，又是一个问题。

我来另举一个例子，比如11，它的平方是121，立方是1331，四次方14641。从这几个数，我们可以看出三个法则：

第一，这些数排列起来，对于中点说，都是对称的；第二，第一位和末一位都是1；第三，第二位和倒数第二位都等于乘方的次数。

依这个观察的结果，我们可不可以说，11的n次方便是$1n\cdots\cdots n1$呢？

要下这个判断，我们不妨再举出一个次数比4还高的乘方来看，最简便的自然就是5。11的5次乘方，按照实际计算的结果是161051。上面的三个法则，只有第二个还存在，如果再乘到8次方，结果是214358881，就连第二个法则也不存在了。

从这个例子可以看出来，只是由几个很小的数的变化观察得出的结果，便推到一般情形中去，不一定可靠。假如没有别的方法去证明，在那三个例子中是有特殊的情形可以用那样的推证法，那么，我们宁愿去找另外一条路来解决。

是的，确实应该对前面所得出的三个公式产生怀疑，但是我们也并非毫无根据。第一个式子最少到7是对的，第二、第三个式子最少到4也是对的。我们如果耐心地接着试验下去，可以看出来，就是到8，到9，到100，乃至到1000都是对的。

但是这样试验太过笨拙，而且无论试验到什么数，我们总是一样不能保证上面公式得一般性，为此我们只能舍去这种逐步试验的方法。

我们虽然怀疑上面公式的一般性，但是不妨“假定”它的形式是对的，再来加以检查，为了方便，在此重写一次：

$$（一）1+2+3+\cdots\cdots+n=\frac{n(n+1)}{2}$$

$$（二）1^2+2^2+3^2+4^2+\cdots\cdots+n^2=\frac{n(n+1)(2n+1)}{6}$$

$$（三）1^3+2^3+3^3+4^3+\cdots\cdots+n^3=\left[\frac{n(n+1)}{2}\right]^2$$

在这三个式子中，我们说n代表一个整数，那么n得下一个整数就应当是$n+1$。假定这三个式子是对的，我们试来看看，当n变成$n+1$的时候是不是还对，这自然只是依照式子的“形式”去考查，但是这种考查我们用不着怀疑。在某种意义上，数学便是符号的科学，也就是形式的科学。

所谓n变到$n+1$，无异于说，在各式的两边都加上一个含$n+1$项，照下面的程序计算：

$$（一）1+2+3+\cdots\cdots+n+(n+1)=\frac{n(n+1)}{2}+(n+1)$$

$$=\frac{n(n+1)+2(n+1)}{2}$$

$$=\frac{(n+1)(n+2)}{2}$$

$$=\frac{(n+1)(\overline{n+1}+1)}{2}$$

$$（二）1^2+2^2+3^2+\ldots\ldots n^2+(n+1)^2=\frac{n(n+1)(2n+1)}{6}+(n+1)^2$$

$$=\frac{n(n+1)(2n+1)+6(n+1)^2}{6}$$

$$=\frac{(n+1)(n+2)(2n+3)}{6}$$

$$=\frac{(n+1)(\overline{n+1}+1)[2(\overline{n+1})+1]}{6}$$

$$（三）1^3+2^3+3^3+\ldots\ldots n^3+(n+1)^3=\left[\frac{n(n+1)}{2}\right]^2+(n+1)^3$$

$$=\frac{n^2(n+1)^2}{4}+(n+1)^3$$

$$=\frac{n^2(n+1)^2+4(n+1)^3}{4}$$

$$=\frac{(n+1)^2(n^2+4n+4)}{4}$$

$$=\frac{(n+1)^2(n+2)^2}{4}$$

$$=\frac{(n+1)^2(\overline{n+1}+1)^2}{4}$$

$$=\left[\frac{(n+1)(\overline{n+1}+1)}{2}\right]^2$$

从这三个式子的最后结果看去，和我们所假定的式子，除了n变成$n+1$以外，形式完全相同。因此，我们得出一个极重要的结论：

> 如果我们的式子对于某一个整数，例如n是对的，那么对于这个整数的下一个整数，例如（$n+1$），也是对的。

事实上，我们已经观察出来了，这三个式子至少对于4都是对的。运用这个结论，我们无须再去试验，也就有理由可以断定它们对于5（4+1）都是对的。

既然对于5对了，那么同一理由，对于6（5+1）也是对的，再推下去对于7（6+1），8（7+1），9（8+1）……都是对的。

到了这里，我们就有理由承认这三个式子的一般性，再不容怀疑了。这种证明法，我们把它叫做数学的归纳法。

数学上常用的多是演绎法，关于堆罗汉这类级数的公式，算术上的证明法，也是演绎法，为了便于比较，也将它写出。本来：

$$S=1+2+3+\cdots\cdots+(n-2)+(n-1)+n$$

如果将这式子右边各项的顺序颠倒，就得：

$S=n+(n-1)+(n-2)+\cdots\cdots+3+2+1$

再将两式相加，便得出下面的式子：

$$2S=(1+n)+[2+(n-1)]+[3+(n-2)]+\cdots\cdots+[(n-2)+3]+[(n-1)+2]+(n+1)$$
$$=(n+1)+(n+1)+(n+1)+\cdots\cdots+(n+1)+(n+1)+(n+1)$$
$$=n(n+1)$$

两边再用2去除，于是：

$$S=\frac{n(n+1)}{2}$$

这个式子和前面所得出来的完全一样，所以一点用不着怀疑，不过我们所用的方法究竟可不可靠，也得注意。

一般说来，演绎法不大稳当，因为它的基础是建筑在一些更普遍的法则上面，倘使这些被它所凭借的更普遍的法则当中，有几个或一个根本就不大稳固，那不是将有全盘动摇的危险吗?

比如这个证明，第一步，将式子右边各项的顺序调换，这是根据一个更普遍的法则，叫做“交换法则”。然而交换法则在一般情形固然可以运用无误，但是在特殊的情形时，并非毫无问题。所以假如我们肯追根究底的话，这个证明法可以适用交换法则，也得另有根据。

至于证明的第二、第三步，都是依据了数学上的公理，公理虽然没有什么证明做保障，但是不容许怀疑，这可不必管它。

归纳法比演绎法来得可靠，我们不妨再来探究一下。前面我们所用过的步骤，归纳起来有四个：

第一，根据少数的数目来观察出一个共通的形式；

第二，将这形式推到一般情形中去，“假定”它是对的；

第三，校勘这假定的形式，是否再能往前推去。

第四，如果考证的结果是肯定的，那么我们的假定就可认为合于事实了。

前面我们曾经说过：

$1^2=1$

$2^2=1+3$

$3^2=1+3+5$

$4^2=1+3+5+7$

由这几个式子我们知道：

$1=1^2$

$1+3=2^2$

$1+3+5=3^2$

$1+3+5+7=4^2$

观察这四个式子可以得出一个共通形式，就是：左边是从1起的连续奇数的和，右边是这和所含奇数的“个数”的平方。

将这形式推到一般情形中去，假定它是对的，那就得出：

$1+3+5+\cdots\cdots+(2n-1)=n^2$

到了这一步，我们就要来考证一下，这形式再往前推一个奇数究竟对不对。我们在式子的两边同时加上（$2n-1$）的下一个奇数（$2n+1$），于是：

$$1+3+5+\cdots\cdots+(2n-1)+(2n+1)$$
$$=n^2+(2n+1)=n^2+2n+1=(n+1)^2$$

由此可知，我们的假定如果对于 n 是对的，那么对于（$n+1$）也是对的。依我们的观察，假设 n 等于1、2、3、4的时候都是对的，所以对于5，对于6，对于7、8、9……一步一步地往前推都是对的，所以可认为我们的假定合于事实。

将数学的归纳法和一般的归纳法相比较，这是一个很有趣的问题。大体来说，它们并没有什么根本的差异。我们不妨说数学的归纳法是一般归纳法的一种特殊形式，试从我们所截取的步骤来比较一下。

第一步，在它们当中，都离不开观察和实验，而观察和实验的对象也都是一些特殊的事实。在我们前面所举的例子当中，似乎只用到观察，并没有经过什么实验。事实上，我们所研究的对象，有些固然无法去实验，只能凭观察去探究。

如果从步骤上说，我们所举例子的第一步当中，也不是完全没有实验的意味。比如最后一个例子，我们从 $1=1^2$ 这个式子中什么意义也发现不出来，于是只好去看第二个式子 $1+3=2^2$，就这个式子而言，我们能够得出许多假定来。

前面所讲过的，右边要乘方的2表示的就是左边的项数，这自然是其中的一个。但是我们也可以说，那指数2才是表示左边的项数。我们又可以说，右边要乘方的2是左边的末一项减去1。

像这类的假定可以找出很多，至于这些假定当中哪一个接近真实，那就不得不用别的方法来证明。到了这一步，我们不妨把各个假设放到第三、第四个式子去试验一下，便可看出，只有我们所讲过的那一个是合于实际的。

一般的归纳法，最初也是这样入手，将我们所要研究的对象尽量收集起来，仔细地去观察，遇着必要且可能的时候，小心地去实验。由这一步，我们就可以看出一些共同的现象来。

至于这些现象，由何产生？会产生出什么结果？或是它们当中有什么关联？对此，我们往往可以提出若干假定来。在这些假定当中，自然免不了有一部分是根基极不稳固的，只要凭借一些仔细的观察或实验就可推翻。对于这些，自然在这第一步，我们就可以将它们弃掉了。

第二步，数学的归纳法，是将我们所观察得到的形式推到一般情形中去，假定它是真实的。至于一般的归纳法，因为它所研究的并不一定只是一个形式的问题，所以推到一般情形中的话，很难照样应用。

虽然是这样，精神却没有什么不同，我们就是将自己观察和实验的结果综合起来，提出一些较普遍的假设。有了这假设，进一步自然是要考证它们。

在数学的归纳法上，如前面所说过的，考证它们比较简单，只需将所假定的一般的式子当中的n推到$n+1$就够了。在一般的归纳法中，却没有这种便宜可占。

到了这个程度，我们需要利用演绎法，把我们的假定当做大前提，推测它们对于某种特殊的事象时，会发生什么结果。

这结果究竟会不会有呢？这又得靠观察和实验来证明了。经过若干的观察或实验，假如都证明了我们的推测是分毫不差的，那么，我们的假定就有了保障，成为一个定理。

许多大科学家往往能令我们起敬、吃惊，有时他们简直好像一个大预言家，就是因为他们假定的基础很稳固，推测的结果也能合于事实。

在这里，有一点必须补充说明白，如果我们提出的假设不止一个，那么根据各个假设都可得出一些推测的结果来，在没有别的事实来证明的时候，它们彼此之间绝对没有什么价值的优劣可说。

但是到了事实出来做最后的证人时，自然“最多”只有一个假定的推测可以胜诉。换句话说，也“最多”就只有一个假定是对的了。为什么我们还要说“最多”只有一个呢？因为，有些时候，我们所提出的假设也许全都不对。

一般的归纳法，应用起来虽然不容易，但是原理却不过如此。我们经过了上面所说的步骤，结果都很好，自然就可得出一些定理或定律来。不过有一点必须注意：

> 在一切过程中，无论我们多么小心谨慎，毕竟我们的能力有限，所能探究的领域终究不是全体，因此我们证明为对的假定，即使当成定理或定律来应用，我们还得虚心，应当常常想到，也许会有新的，我们以前所不曾注意到的现象出来否定它。

我们应当承认：“科学只能诊断事实，不能否定事实。”

科学本来只是从事实中找出法则来，如果有了一个法则，遇见和它抵触的事实，便武断地将这个事实否定，这只是自欺欺人。因为事实的存在，并不能由我们空口无凭地否认，便烟消云散。

事实和理论不相符合，可以说有两个来源：一是我们所见到的事实，并非是真的事实。换句话说，就是我们对于那事实的一切认识未必有科学的依据。

还有一个来源，便是科学上的原理或法则本身有缺点。所谓科学诊断事实，就是：第一，是诊断事实的真伪；第二，如果诊断出它是真实的，进一步就要找出合理的说明。

所以，科学的精神，最根本的就是不武断、不盲从。科学的态度，就是要虚心地去运用科学的方法。

7 八仙过海

“八仙过海”只是一个游戏，我们只能在游戏场中碰到它，学校里的教科书上是没有的。它的游戏规则大体是这样的：

> 一个人将八个钱币分上下两排排在桌上，叫你看准一个记在心里。他将钱币收起，重新排过，仍是上下两排，又叫你看定你前次认准的那一个在哪一排，将它记住。他再将钱币收起，又重新排成两排，这回他叫你看，并且叫你告诉他你所看准的那一个钱币，在这三次位置的上下。
>
> 比如你说“上下下”，他就将下一排的第二个指给你。你虽然觉得有点奇怪，想抵赖，可是你的脸色也不肯替你隐瞒了。

这个游戏就是“八仙过海”。这个人为什么会有这样的本领呢？你会疑心他是偶然猜中的，然而再来一次、两次、三次，他总不会失败，这当然不是偶然了。

你又会疑心他每次都在注意你的眼睛，但是我告诉你，他哪儿有这么大的本领，只瞥了你一眼，就看准了你所认定的那个钱币吗？你又以为他能隔着皮肉看透你心上的影子，但是除了这一件事情，别的为什么他又看不透呢？

这游戏的奥妙究竟在哪里呢？朋友，你既然喜欢和数学亲近，大概总想受点科学的洗礼。那么，我告诉你，宇宙间没有什么是神妙的。

“八仙过海”不过是人想出来的游戏，何必对它惊奇呢？你如果不相信，我就把玩法告诉你。

它的玩法有两种：一种姑且说是非科学的，还有一种是科学的。前一种比较容易，但是也容易被人看破，似乎未免难堪；后一种却较“神秘”些。

D C B A 上

H G F E 下

第一图

先来说第一种。你将八个钱币分成上下两排，按照第一图排好，便叫想寻它开心的人心里认定一个，告诉你它在上一排或是下一排。

第二图	第三图
○ ○ C A 上	○ ○ ○ B 上
○ ○ D B 下	○ ○ ○ D 下

比如他回答你是“上”，那么你顺次将上一排的四个收起，再收下一排的。然后将收在手里的一堆钱币（注意，是一堆，你弄乱了那就要垮台了），上一个下一个地再摆作成排，如第二图。

你将两图比较起来看，第一图中上一排的四个，到第二图中分成上下各两个了。你再问他这次所认定的排在哪一排。

比如他的回答是“下”，那么第一次在上，这一次在下的只有B和D，你就先将这两个收起，再胡乱去收其余的六个，又照第二次的方法排成上下两排，如第三图。

这次B和D已各在一排，你再问他，如果他说“上”，那他所认定的就是*B*，反过来，如果他说“下”，当然是D了。

你看这三个图，我在第二图有四个圈没写字，在第三图只写了两个，这不是我忘了，也不是懒，空圈只是表示它们的位置没有什么关系。

其实这种玩法道理很简单，就是第二回留下一半在原位置，第三回留下一半的一半在原位置。四个的一半是二，两个的一半是一，这还有什么猜不着呢？

我不是说这种方法是非科学的吗？因为它实在没有什么一定的规则，不但A、B、C、D在第二图可随意平分排在上下两排，而且还不一定要排在右边四个位置，只要你自己记清楚就好了。

举个例子说，比如你第一次将钱币收在手里的时候，是这样一个顺序：A、B、E、F、G、H、C、D，你就可以排成第四图（样子很多，这里不过随便举出两种），无论在哪一种里，其目的总在把A、B、C、D平分成两排。同样的道理，第三图的变化也很多。

D C H G 上

F E B A 下

或

B F H D 上

A E G C 下

或……

第四图

老实说，这种玩法简直就是这样：你的两只手里各拿着四个钱币，先问别人所要的在哪一只手，他如果说“右”，你就将左手的甩掉，从右手分两个过去；再问他一次，他如果说“左”，你又把右手的两个丢开，从左手分一个过去，再问他所要的在哪只手。

朋友，你说可笑不可笑，你左手、右手都只有一个钱币了，他对你说明在左在右，还用你猜吗？所以第一种玩法是蒙混小孩的把戏。

现在来说第二种。第二种和第一种的不同，就是钱币的三次位置，别人是在最后一次才一口气说出来，这倒需要有点硬功夫。

我还是先将玩法叙述一下吧。第一次排成第五图的样子，其实就是第一图，“上下”指的是排数，“1、2……8”是钱币的位置。你叫别人认定并且记好了上下，就将钱币收起，按照1、2、3、4、5、6、7、8的顺序收，不可弄乱。

收好以后，你就从左到右先排下一排，后排上一排，排成第六图的样子。

7	5	3	1	
D	C	B	A	上
8	6	4	2	
H	G	F	E	下

第五图

7	5	3	1	
F	B	E	A	上
8	6	4	2	
H	D	G	C	下

第六图

别人看好以后，你再按照1、2、3、4、5……的次序收起，按照同样的方法仍然从左到右先排下一排，再排上一排，这就排成第七图的样子。

7	5	3	1	
G	E	C	A	上
8	6	4	2	
H	F	D	B	下

第七图

在这一次，如果他说出来的是“上下下”，那就是下一排从右边起的第二个；如果他说“下下下”，那就是下一排从右边起的第四个。为什么是这样呢?

朋友，因为摆放成功就是那样的，我们不妨将八个钱币三次的位置都来看一下。

A——上 上 上

C——上 下 上

E——下 上 上

G——下 下 上

B——上 上 下

D——上 下 下

F——下 上 下

H——下 下 下

这样看起来，A、B、C、D……八个钱币三次的位置没有一个相同，所以无论他说哪一个，你都可以指出来。

朋友，这次你该明白了吧？不过你还不要太高兴，我这段“八仙过海指南”还没有完呢，而且所差的还是最重要的一个“秘诀”。你难道不会想A、B、C、D……这几个字母只有这图上才有，平常的钱币上没有吗？即使你另有八个记号，你要记清楚“上上上”是A，“下下下”是H……这样做也够辛苦的了。

所谓秘诀，就是八个中国字：“王、元、平、求、半、米、斗、非。”这八个字，都可分成三段，如果某一段中含有一横那就算表示“上”，不是一横便表示“下”。

所以王字是“上上上”，元字是“上上下”……我们可以将这八个字和第七图相对顺次排成第八图的样子：

7 G	5 E	3 C	1 A	上
斗	半	平	王	
下	下	上	上	
下	上	下	上	
上	上	上	上	

8 H	6 F	4 D	2 B	下
非	米	求	元	
下	下	上	上	
下	上	下	上	
下	下	下	下	

第八图

由第八图，就可看明白，你只要记清楚王、元、平、求……的位置顺序和各字所代表的三次位置的变化，别人说出他的答案以后，你口中暗数应当是第几个就行了。

比如别人说“下上上”，那么应当是“半”字，在第五位；如果他说“上下上”，应当是“平”字，在第三位，这不就可以瓮中捉鳖了吗?

暂时我们还不说到数学上面去。我且问你，这个游戏是不是限定要八个钱币，不能少也不能多?是的，为什么?假如不是，又为什么?“是”或“不是”很容易说出口，不过学科学的人第一要紧的是既然下了这个判断，就得说出理由来。

经我这样板着面孔地问，朋友，你也有点犹豫不定了吧?大胆一点，先回答一个“是”字。真的，顾名思义，“八仙过海”当然总共要八个，不许多也不许少。为什么?

因为分上下排，只排三次，位置的变化总共有八个，而且也只有八个。所以钱币少了就有空位置，钱币多了就有变化重复的。

怎样知道位置的变化总共有八个，而且只有八个呢？不错，这是问题的核心，但是我现在还不能回答，且把问题再来梳理一回。

“八仙过海”的游戏有以下几个条件：

（1）八个钱币；

（2）分上下两排摆放；

（3）前后一共排三次；

（4）收钱币的顺序是按照竖排由上而下，从右边起；

（5）摆钱币的顺序是按照横排由左而右，从下一排起。

其中（4）（5）是排的步骤，（1）（2）（3）都直接和数学关联。前面已经回答过了，如果（2）（3）不变，（1）的数目也不能变。那么，假如（2）或（3）改变一下，（1）的数目将怎样呢？

我简单地回答你，（1）的数目也会跟着变。换句话说，如果排数加多“（2）变”或是排的次数加多“（3）变”，所需要的钱币就不只八个，不然便有空位要留出来。

先假定排成三排，那么我告诉你，就要二十七个钱币，因为上、中、下三个位置三次可以调出二十七个花样。你不信吗？请看下图：

9	8	7	6	5	4	3	2	1	上
18	17	16	15	14	13	12	11	10	中
27	26	25	24	23	22	21	20	19	下

第九图

21	12	3	20	11	2	19	10	1	上
24	15	6	23	14	5	22	13	4	中
27	18	9	26	17	8	25	16	7	下

第十图

25	22	19	16	13	10	7	4	1	上
26	23	20	17	14	11	8	5	2	中
27	24	21	18	15	12	9	6	3	下

第十一图

第九图本来是任意摆的，不过为了说明方便，假定了一个从（1）到（27）的顺序。

从第九图，参照（4）（5）两步骤，就可摆成第十图。

从第十图，参照（4）（5）两步骤，就可摆成第十一图。

现在我们来猜了。

甲说“上中下”——他认定的是6；

乙说“中下上”——他看准的是16；

丙说“下上中”——他瞄着的是20；

丁说“中中中”——他注视是的14；

……

一共二十七个钱币，无论别人看定的是哪一个，只要他没有把三次的位置记错或说错，都可以拿出来。这更奇妙了，又有什么秘诀呢？

确切地说，没有。“八仙过海”的秘诀不过比一定的法则灵动一些，所以才用得着。现在要找二十七个字可以代表上、中、下的位置变化，实在没这般凑巧，即使有，记起来也一定不方便。那么，怎样找出别人认准的钱币来呢？

好，你要想知道，那我们就来仔细考察第十一图，我将它画成第十二图的样子。

25	22	19	|	16	13	10	|	7	4	1	上
26	23	20	|	17	14	11	|	8	5	2	中
27	24	21	|	18	15	12	|	9	6	3	下
	下				中				上		
下	中	上		下	中	上		下	中	上	

第十二图

图中分成三大段，你仔细看：右起第一段的九个是1到9，在第九图中，恰好都在上一排，所以我在它的下面写个大的“上”字；右起第二段的九个是10到18，在第九图中恰好都在中一排，所以下面写个大的“中”字；右起第三段的九个是从19至27，在第九图中恰好都是下一排，所以用一个大的“下”字指明白。

你再从各段中看右起第一列，它们在第十图中，都是排在“上”一排；各段中右起的第二列，在第十图中都排在“中”一排；而各段的右起第三列，在第十图中都排在“下”一排。

这样你该明白了。甲说“上中下”，第一次“上”，应当在第一段；第二次“中”，应当在第一段的第二列；第三次“下”，应当在第一段第二列的“下”一排，那不就是6吗？

又如乙说“中下上”，第一次“中”，应当在第二段；第二次“下”，应当在第二段的第三列；第三次“上”，应当在第二段第三列的“上”一排，那不就是16吗？你再将丙、丁……所说的代进去检查。明白了这个法则的来源和结果，依样画葫芦，无论排几排都可以，肯定成功，而且找法也和三排的一样。

例如我们排成四排，那就要六十四个钱币，我只将图画在下面，供你参考。说明呢，就不再重复了。至于五排、六排、十排、二十排都可照推，你不妨自己画几个图试试看。

一	1	2	3	4	5	6	7	8	9	10	11	12	13	14	15	16
二	17	18	19	20	21	22	23	24	25	26	27	28	29	30	31	32
三	33	34	35	36	37	38	39	40	41	42	43	44	45	46	47	48
四	49	50	51	52	53	54	55	56	57	58	59	60	61	62	63	64

第十三图

一	1	17	33	49	2	18	34	50	3	19	35	51	4	20	36	52
二	5	21	37	53	6	22	38	54	7	23	39	55	8	24	40	56
三	9	25	41	57	10	26	42	58	11	27	43	59	12	28	44	60
四	13	29	45	61	14	30	46	62	15	31	47	63	16	32	48	64

第十四图

一	1	5	9	13	17	21	25	29	33	37	41	45	49	53	57	61
二	2	6	10	14	18	22	26	30	34	38	42	46	50	54	58	62
三	3	7	11	15	19	23	27	31	35	39	43	47	51	55	59	63
四	4	8	12	16	20	24	28	32	36	40	44	48	52	56	60	64
	一				二				三				四			
	一	二	三	四	一	二	三	四	一	二	三	四	一	二	三	四

第十五图

比如有人说“二四三”，那么他看定的钱币在第十五图中左起第二段第四列第三排，就是31；如果他说“四三一”，那就应当在第十五图中左起第四段第三列第一排，他所注视的是57。

上面讲的是排数增加，排的次数不变。现假定排数不变，排的次数变更，限定只有上下两行排，看看有何变化？

第一步，假如只排一次，那么这很清楚，只能用两个钱币，三个就无法猜了。如果排两次呢，那就用四个钱币，它的变化如下：

2	1	上
4	3	下

第十六图

3	1	上
4	2	下
下	上	

第十七图

它的变化是：

1——上 上

2——上 下

3——下 上

4——下 下

三次就是“八仙过海”，不用再说。假如排四次呢，那就用十六个钱币，排法和上面说过的一样，变化如下：

8	7	6	5	4	3	2	1	上
16	15	14	13	12	11	10	9	下

第十八图

12	4	11	3	10	2	9	1	上
16	8	15	7	14	6	13	5	下

第十九图

14	10	6	2	13	9	5	1	上
16	12	8	4	15	11	7	3	下

第二十图

<table>
<tr><td>15</td><td>13</td><td>11</td><td>9</td><td>7</td><td>5</td><td>3</td><td>1</td><td>上</td></tr>
<tr><td>16</td><td>14</td><td>12</td><td>10</td><td>8</td><td>6</td><td>4</td><td>2</td><td>下</td></tr>
<tr><td colspan="4">下</td><td colspan="4">上</td><td></td></tr>
<tr><td colspan="2">下</td><td colspan="2">上</td><td colspan="2">下</td><td colspan="2">上</td><td></td></tr>
<tr><td>下</td><td>上</td><td>下</td><td>上</td><td>下</td><td>上</td><td>下</td><td>上</td><td></td></tr>
</table>

第二十一图

例如有人认定的钱币的四次的位置是“上下下上”，那么应当在第二十一图右起第一段第二分段第二列的“上”排，是7；又如另一个人说他认定的钱币的位置是“下下上上”，那就应当在第二十一图右起第二段第二分段第一列的“上”排，便是13。

照推下去，五次要用三十二个钱币，六次要用六十四个钱币……喜欢玩的朋友不妨当作消遣去试试看。

总结一下：前面说“八仙过海”的五个条件，由这些例子看起来，（1）是随着（2）（3）个变的。至于（4）（5），关于步骤的条件和前三个都没有什么直接关系。它们也可以变更。例如（4），我们也可以由下而上，或从末一列起，而（5）也可以由右而左从第一排起。不过这么一来，所得的最后结果形式稍有点不同。

从我们所举过的例子看，钱币的数目是这样：

（1）分两排：

① 排一次——2个

② 排二次——4个

③ 排三次——8个

④ 排四次——16个

（2）分三排：

① 排一次——3个（我们可以想到的）

② 排二次——？个（请你先想想看）

③ 排三次——27个

④ 排四次——？个

（4）分四排：

① 排一次——4个（我们可以想到的）

② 排二次——？个

③ 排三次——64个

④ 排四次——？个

这次却真的到了底，我们要解决的问题是："分多少排，总共排若干次，究竟要多少钱币，而且只能要多少钱币？"

上面举出的钱币的数目，在例中都是必要而且充足的，说得明白点，就是不能多也不能少。我们怎样回答上面的问题呢？假如你只要一个答案就满足，那么是这样的，设排数是a，排的次数是x，钱币数是y，这三个数的关系如下：

$y=a^x$

我们将前面讲的例子代进去，看看这个式子是否靠得住：

（1）① $a=2$，$x=1$，$\therefore y=2^1=2$

② $a=2$，$x=2$，$\therefore y=2^2=4$

③ $a=2$，$x=3$，$\therefore y=2^3=8$

④ $a=2$，$x=4$，$\therefore y=2^4=16$

（2）① $a=3$，$x=1$，$\therefore y=3^1=3$

② $a=3$，$x=2$，$\therefore y=3^2=9$　（对吗？）

③ $a=3$，$x=3$，$\therefore y=3^3=27$

④ $a=3$，$x=4$，$\therefore y=3^4=81$　（？）

（3）① $a=4$，$x=1$，$\therefore y=4^1=4$

② $a=4$，$x=2$，$\therefore y=4^2=16$　（？）

③ $a=4$，$x=3$，$\therefore y=4^3=64$

④ $a=4$，$x=4$，$\therefore y=4^4=256$　（？）

按照这个结果来看，我们所用过的例子都合得上，上面那个回答大概总有些可靠了。就是几个不曾试过的数，想起来也还不至于错误。不过单是这样还不行，别人总得问我们理由。

真要理由吗？就是将我们所用过的例子合在一起，用脑筋去想，一定可以想得出来的。不过，这实在大可不必，有别人的现成架子可以装得上去时，直接痛快地装上去多么爽气。那么，在数学中可以找到这一栏吗？

可以。那就是排列（*Arrangement*），那么我们就来说排列法吧。先说什么叫排列法呢？

1	2	3	4
D	B	C	A

第二十二图

有几个不相同的东西，比如A、B、C、D……几个字母，将它们的次序颠来倒去地排，计算这排法的数目，这种方法就叫排列法。

排列法的计算本来比较复杂，而且一不小心就容易弄错。

要想弄清楚，自然只好去读教科书或是去请教你的数学教师。这里只得限于基本的几个法则了。

第一，我们来讲全体的、不重复的排列。比如有A、B、C、D四个字母，我们一齐将它们拿出来排，这叫全体的排列。所谓不重复，就是每个字母在一种排法中只需用一回，就好像甲、乙、丙、丁四个人排座位一样，甲既然坐了第一位，其余的三位当然不能再坐甲的座位了。

要计算A、B、C、D这种排列法，我们先假定有四个位置在一条直线上，比如桌上画的四个位置，A、B、C、D是写在四个钱币上的。

第一步，我们来考虑第一个位置，A、B、C、D四个钱币全都没有排上去，所以无论我们摆哪一个都行。这就可以知道，第一个位置有四种排法。我们取一个钱币放到了1，那就只剩三个位置和三个钱币了，跟着来摆第二个位置。

剩的钱币还有三个，第二个位置无论用这三个当中的哪一个去填它都是一样。这就可以知道，第二个位置有三种排法。到了第二个位置也有一个钱币将它占领时，桌子上只剩两个位置，外边只剩两个钱币了。

第三个位置因为只有两个钱币剩在外面，所以填的方法也只有两个。

当第三个位置也被一个钱币占领时，桌上只有一个空位，外面只有一个钱币，所以第四个位置的排法便只有一种。

为了一目了然，我们还是来画一个图。

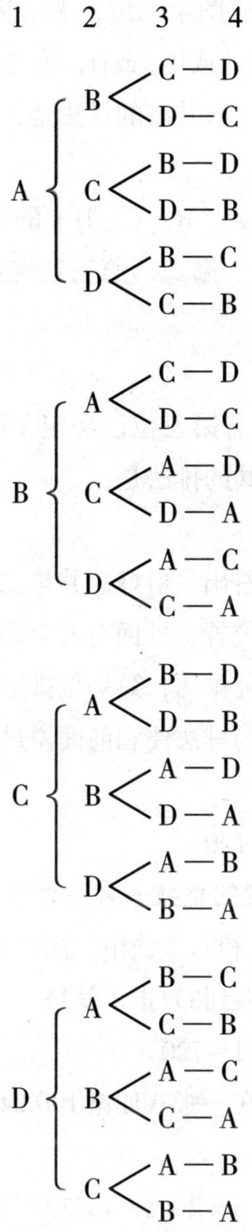

```
        1    2    3    4
                 C — D
             B <
                 D — C
                 B — D
        A    C <
                 D — B
                 B — C
             D <
                 C — B

                 C — D
             A <
                 D — C
                 A — D
        B    C <
                 D — A
                 A — C
             D <
                 C — A

                 B — D
             A <
                 D — B
                 A — D
        C    B <
                 D — A
                 A — B
             D <
                 B — A

                 B — C
             A <
                 C — B
                 A — C
        D    B <
                 C — A
                 A — B
             C <
                 B — A
```

第二十三图

仔细观察第二十三图第一位，无论是A、B、C、D四个当中的哪一个，A，或B，或C，或D，第二位都有三种排法，所以第一、第二位合在一起共有的排法是：

4×3

而第二位无论是A、B、C、D中的哪一个，第三位都有两种排法，所以第一、第二、第三位连在一起算，总共的排法是：

$4\times3\times2$

至于第四位，随着第三位已经定了第四位就只有一个方法，因此四个位置总共的排法是：

$4\times3\times2\times1=24$

我们从图上可以看出，恰好总共是二十四种排法。

假如桌上有五个位置，外面有五个钱币呢？那么第一个位置照前面说过的有五种排法，第一位排定以后，后面剩四个位置和四个钱币，它们的排法便和前面说过的一样了，所以五个位置的钱币的排法是：

$5\times4\times3\times2\times1=120$

前面是从1起连续的整数相乘一直乘到4，这里是从1起乘到5。假如有六个位置和六个钱币，同样我们很容易知道是从1起将连续的整数相乘乘到6为止，就是：

$6\times5\times4\times3\times2\times1=720$

比如有八个人坐在一张八仙桌上吃饭，那么他们的坐法便有40320种，因为：

$8\times7\times6\times5\times4\times3\times2\times1=40320$

你家请客常常碰到客人推让座位吗？真叫他们推来推去，

这40320种排法，从天亮到天黑也推让不完呢。

一般的法则，假设位置是n个，钱币也是n个，它们的排法便是：

$$n\times(n-1)\times(n-2)\cdots\cdots\times5\times4\times3\times2\times1$$

这样写起来太不方便了，不是吗？在数学上，对于这种从1起到n为止的n个连续整数相乘的情形，给它起一个名字叫"n的阶乘"，又用一个符号来代表它，就是$n!$，用式子写出来便是：

n 的阶乘$=n!=n\times(n-1)\times(n-2)\cdots\cdots\times5\times4\times3\times2\times1$

所以 8 的阶乘$=8!=8\times7\times6\times5\times4\times3\times2\times1=40320$

6 的阶乘$=6!=6\times5\times4\times3\times2\times1=720$

5 的阶乘$=5!=5\times4\times3\times2\times1=120$

4 的阶乘$=4!=4\times3\times2\times1=24$

3 的阶乘$=3!=3\times2\times1=6$

2 的阶乘$=2!=2\times1=2$

1 的阶乘$=1!=1$

有了这个新的名词和新的符号，说起来就方便了！

n个东西全体不重复的排列就等于n的阶乘$n!$。

但是在平常我们排列东西的时候，往往遇见位置少而东西多的情形。举个老式衙门的例子，比如你有一位朋友，当上了县长。这时你跑去向他贺喜，却发现他正愁眉不展。

县长朋友告诉你，一个县里不过三个科长、六个科员、两个书记，荐人来的便笺倒有三四十张，这实在难于安排。

比如你那朋友接到的便笺当中只有十张是要当科长的，科长的位置一共是三个，有多少种排法呢？这就归到第二种的排列法。

第二，我们来讲部分的、不重复的顺列法。因为粥少僧多，所以只有一部分人的便笺有效，又因为没有人肯吃一个人的饭而做两个人的事，所以排起来不重复。

从十张便笺中抽出三个来，分担第一、第二、第三科的科长，这有多少法子呢？

朋友，你对于第一个法子如果是真明白了，这个问题就很容易了。第一科长没有确定人选时，十张便笺都有同样的希望，所以这个位置的排法是10。

第一科长已经确定，只剩九个人来抢第二科的科长，所以第二个位置的排法是9，同理，第三个位置的排法是8，照第一种方法推来，这三个位置的排法总共应当是：

$10\times9\times8=720$

如果是你的朋友接到的便笺当中，想当科长的是十一张或九张，那么其排法就应当是：

$11\times10\times9=990$

或$9\times8\times7=504$

如果他的衙门里还有一个额外科长，总共有四个位置，那么他的排法应当是：

$10\times9\times8\times7=5040$

$11\times10\times9\times8=7920$

或$9\times8\times7\times6=3024$

我们仍然用n代表东西的数目，既然位置的数目和东西的不同，我们用一个字母m来代表，我们的题目变成了这样："在n个东西里面取出m个来的排法。"

按照前面的推论法，m个位置，n个东西，第一个位置的排法是n；第二个位置，东西已少了一个，所以只有$n-1$个排法；第三个位置，东西又少了一个，所以只有$n-2$个排法……

照推下去，直到第m个位，它的前面有$m-1$个位置，而每一个位置都拉了一个人去，所以被拉去的共有$m-1$个人，就总人数说，这时已少了$m-1$个，只剩$n-(m-1)$个了，所以这个位置的排法是$n-(m-1)$。

因此，总共的排法便是：

$$n\times(n-1)\times(n-2)\times(n-3)\cdots\cdots\times[n-(m-1)]$$

比如n是11，m是4，代进去就得：

$$11\times(11-1)\times(11-2)\times(11-3)=11\times10\times9\times8=7920$$

实际上只要从n写起，往下总共连着写m个就行了。

这种排法也有一个符号，就是${}_nP_m$。P左边的n表示总共的个数，P右边的m表示取出来排的个数，所以如在26个字母当中取出5个来排，它的方法总共就是${}_{26}P_5$。

将上面的计算用这符号连起来，就得出了下面的关系：

$$ {}_nP_m=n\times(n-1)\times(n-2)\cdots\cdots\times[n-(m-1)] \qquad (1)$$

这里有一件很有趣的事，比如我们将前面说过的第一种排法也用这里的符号来表示，那就成为${}_nP_n$，所以：

$$ {}_nP_n=n! \qquad (2)$$

在n个东西当中取出m个，剩下还有$n-m$个，这$n-m$个如果自己调来调去地排，它的数目就应当是：

$${}_{n-m}P_{n-m}=(n-m)! \qquad (3)$$

朋友，我问你，用（$n-m$）! 去除 $n!$ 得什么？如果你们想不出，我就将它们写出来：

$$\frac{n!}{(n-m)!}=\frac{n(n-1)(n-2)\cdots\cdots[(n-m-1)](n-m)\cdots\cdots3\cdot2\cdot1}{(n-m)\cdots\cdots3\cdot2\cdot1}$$

在这个式子中，分子和分母将公因数消去后，恰好得：

$$\frac{n!}{(n-m)!}=n(n-1)(n-2)\cdots\cdots[n-(m-1)]$$

式子的右边和（1）式的完全一样，所以：

$${}_nP_m=n(n-1)(n-2)\cdots\cdots[n-(m+1)]=\frac{n!}{(n-m)!}=\frac{{}_nP_n}{{}_{n-m}P_{n-m}}$$

这个式子很有意思，我们可以这样想：从 n 个当中取出 m 个来排，和将 n 个全排好，从第 $m+1$ 个起截断一样，因为，${}_nP_n$ 是 n 个的排列，${}_{n-m}P_{n-m}$ 是 m 个以后所余的东西的排列。

举个例来说，5个字母取出3个来的排法是 ${}_5P_3$，而5-3=2，

$${}_5P_3=\frac{{}_5P_5}{{}_2P_2}=\frac{5!}{2!}=5\times4\times3=60$$

关于这两种排列法的计算，基本原理就是这样。但是应用起来却不容易，因为许多题目往往包含着一些特殊条件，它们所能排成功的数目就会减少。

比如八个人坐的是圆桌，大家预先又没有说明什么叫首座，这比他们坐八仙桌的变化就少得多。又比如在八个人当中有两个是夫妻，非挨着坐不可，或是有两个是冤家死对头，不能坐在一起，或是有一个人是左手拿筷子的，如果坐在别人的

右边，不免要和别人有冲突。

这些条件是数不尽的，只要有一个存在，排列的数目就得减少。朋友，你要想详细知道，我只好劝你去读教科书或去请教你的老师，这里就不谈了。

说了半天，这些和“八仙过海”有什么关系呢？但是还得请你忍耐一下，单是这样，还不能好好地将“八仙过海”这一类的题目往上摆。我们还要说一种别的排列法。

前面的两种都是不重复的，但是“八仙过海”每一个钱币的三次位置不是上就是下，所以总得重复，这种排列法究竟和前面所说过的两种有点大同小异，就算它是第一种吧。

第三种是 n 种东西 m 次数可重复的排列。就用“八仙过海”来举例，排来排去，不是上便是下，所以就算有两种东西，我们不妨用 a、b 来代表它们。

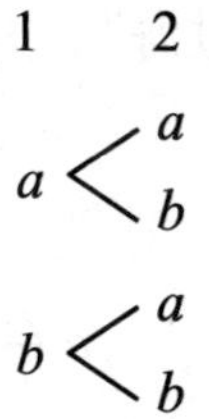

第二十四图

首先说两次的排法，就和第二十四图一样。第一个位置因为我们只有 a、b 两种不同的东西，所以只有2种排法。

但是在这里，因为 a 和 b 都可重用，就是第一个位置被 a 占了，它还是可以有2个排法；同样地，它被 b 占了也仍然有2个排法。因此总共的排法应当是：

$2\times 2=2^2=4$

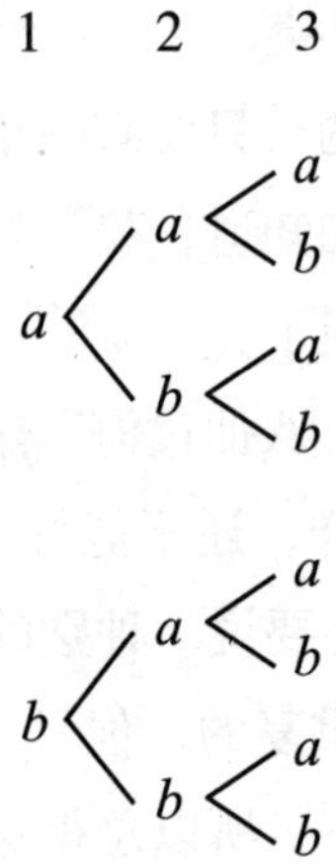

第二十五图

比如像"八仙过海"一样，排的是3次，按照这里的话说，就是有三个位子可排，那么就如第二十五图，全体的排法是：

$2\times2\times2=2^3=8$

这不就说明了"八仙过海"，分上下两排，总共排三次，位置不同的变化是8吗？

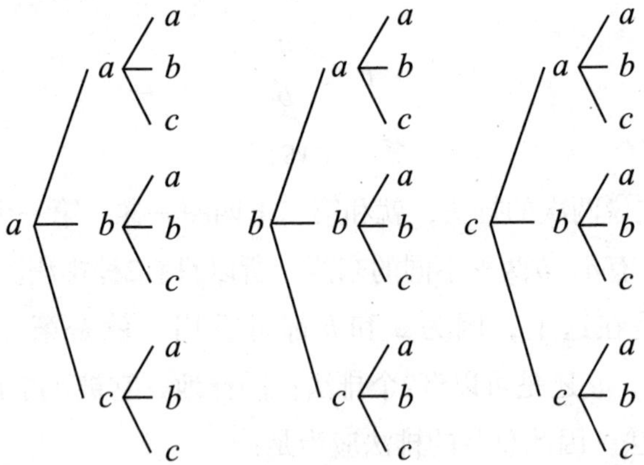

第二十六图

我们前面曾经说过分三排只排三次的例子，用a、b、c代表上、中、下，说明是一样的，暂且省略。就第二十六图看看，可以知道排列的总方法是：

$3 \times 3 \times 3 = 3^3 = 27$

这个数目和我们前面所用的钱币恰好一样。

按照同样的例子，分一、二、三、四，四排只排三次的数目是：$4 \times 4 \times 4 = 4^3 = 64$

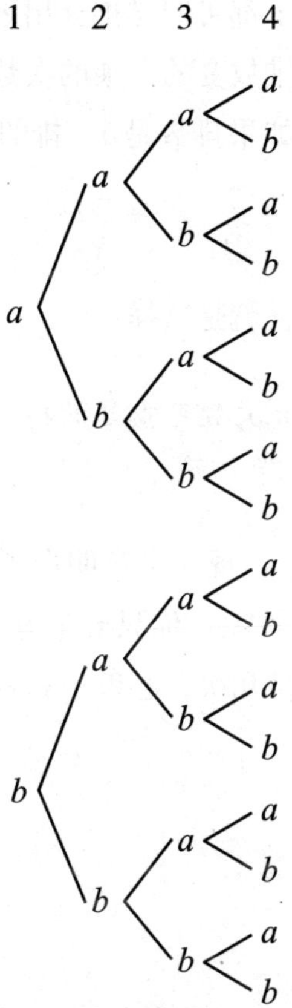

第二十七图

前面还说过排数不变、次数变的例子。两排只排三次，已说过了。两排排四次呢，那就如第二十七图，总共能排的方法应当是：

$2\times2\times2\times2=2^4=16$

如果是三排，总共排四次，按照同样的道理，它的总数是：

$3\times3\times3\times3=3^4=81$

以前所举出的例子都可照样推算出来。将这几个式子在一起比较，乘数是随着排数变的，乘的次数，就是指数，是随着排的次数变的，所以如果排数是a，排的次数是x，钱数是y，那么：

$y=a^x$

用一般的话来说，就是这样：

> n种东西，m次数可重复的排列，便是n的m次乘方，n^m。

所谓“八仙过海”，现在可算明白了，不过是排列法中的一种游戏，有什么奇妙呢？你只要记好y等于a的x乘方这个式子，你想分几排、排几次，心里一算就可知道。

8 棕榄谜

一

早年曾经在《申报·本埠增刊》上，登载着一幅很大的广告，是美商上海棕榄公司的，现在择要抄在下面。

游戏规则：

第一，一切规则均参照雀牌，“棕榄香皂”四字代替东南西北；“珂路搿”三字代替中发白；棕榄香皂、丝带牌牙膏及棕榄皂珠的三种图形则代替筒、条、万。

第二、按照雀牌规则，由本公司总经理及华经理马伯乐先生在下图五十六只中，捡出十四只排定和牌一副，送至上海银行封存在第三四一零号保管箱中，至开奖时请公证人启视，以表郑重。

第三，参加游戏者只可在下图五十六只中捡出十四只排成和牌一副，如与本公司所排定的和牌完全相同，则赠送无线电收音机一台。

第四，本公司备同款收音机十台，作为赠品，仅以十座为限。如猜中者超过十人，则再用抽签法决定……

第五，参加游戏需附寄大号棕榄香皂绿包纸及黑纸带各一，空函无效。每人最多只能猜四次，每猜一次均需纸、带各一。

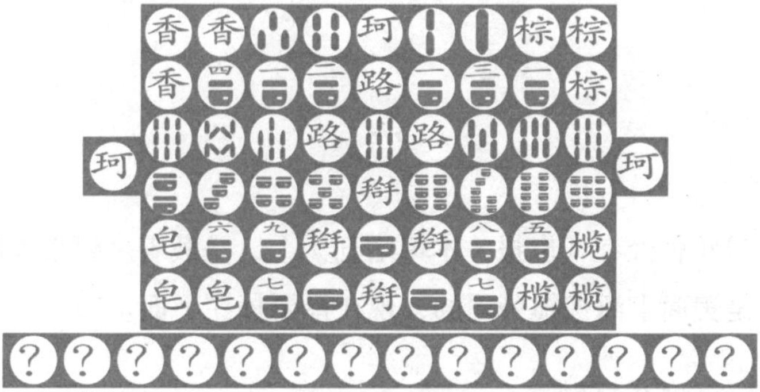

有几位朋友和我谈起这“棕榄谜”的时候，他们随口就问：“从这五十六只中选出十四只排定和牌一副，究竟有多少种排法？”这本来只是一个计算问题，但是要回答出一个确切的数来，却不容易。

如果读者先想定一个答数，读完这篇文章后再来比较，我相信大多数的人都会吃惊不已的。

初学数学的人常常会提出这样的问题：“一个题目到手，应当怎样入手呢？”因为他们见到别人解答题目好像不费什么力，便觉得这里面一定有什么秘诀。

其实科学中无所谓秘诀，要解答题目，只有依照一定的程序去思索。思考力经过训练后，这程序能够应用得比较纯熟，就容易使别人感到神奇了。学问本是严肃的东西，并非变戏法，哪儿有什么神奇、奥妙？

本文的目的：一是说明数学中叫做组合（Combination）的这一种法则；二是说明思索数学题目的基本态度。

平常我们在数学教科书中所遇到的问题都是编者安排好了的，要解答总有一定的法则可以应用，思索起来也比较简单。这里所用的这个题目，不是谁预先安排的，用来说明思索的态度比较周到些。不过头绪繁复，大家得耐着性子，教科书以外的题目没有不繁复的呀。

二

一个题目拿到手，在思索怎样解答以前，必须对它有明确的认识：这题目中所含的意义是什么？已知的事项是什么？所要求出的事项是什么？这些都得辨别清楚，这是第一步。

常常见到有些性子急的朋友，题目还只看到一半，便动起手来，这自然不会做对。假如我的经验可靠，那么不但要先认清题目，而且还需将它记住，才去思索。对题思索，在思索的进展上往往会生出许多纷扰。

认清题目以后，还有一步工作也省略不来，那就是问一问“这题目是可能的吗？”数学上的题目，有些是表面上看起来非常容易，而一经着手便使人束手无策的。初等几何中的“三等分任意角”，代数中的“五次方程式一般的解法”，这些看起来容易的题目最后都归到不可能的领域中了。

所谓题目的不可能，一种是主观的能力，一种是客观的条件。只学过算术的人，三减五是不可能，这是第一种。三等分任意角，这是第二种。因为初等几何的作图，只需用没有刻度的尺子和圆规两种工具。

此外还有一种不可能，那就是题目所给的条件不合或缺少。比如“鸡兔同笼共三十个头，五十只脚，求各有几只”，这是条件不合，因为三十只全是鸡也得有六十只脚。

至于条件缺少，当然也是不可能的。有一次我和孩子背九九乘法表，自然他对我只有惊异，但是他很顽皮，居然要制服我，忽然这样问道：“你会算，一间房子有几片瓦吗？”

我当然回答不上来，这是因为条件不够。我只有在知道一间房子有几行瓦，每行有几片的时候，才能算出瓦的总数。

判定一个题目是否可能，按照这里所说的看来，是解题以前的工作。但是有些题目要判定它的不可能，而且还要给出一个不可能的理由来，不一定比解答题目容易，即如“三等分任意角”这一类题目就是经过很多人研究才判定的。

所以，这里所说的只限于比较容易判定的范围，在这个范围内，判定所遇到的题目是否可能，无论主观的或客观的，对于学数学的人来说与解答问题一样重要。

自然，对于教科书，我们可以相信那里面的题目总是可能的，遇到题目就向积极方面去思索，但是这并不是正当的途径。

三

对所遇到的题目，经过一番审度已是可能的了，下一步自然就是思索解答的方法。这种思索有没有一定的途径可循呢？因为题目的不同，要找一条通路，那是不可能的，不过基本的态度却可以说一说。

用这样的态度去思索题目的解法，虽然不能说可以迎刃而解，但是至少不至于走错路。如果是经过了训练，还能够避免不必要的弯路。

解答一个题目，需要的能力有两种：一是对于题目所包含的一些事实的认识：一是对于解答题目所需的数学上的法则的理解。

例如关于鸡兔同笼的题目，鸡和兔每只都只有一个头，鸡是两只脚，兔是四只脚，这是题目上不曾说出而包含着的事实。

如果对于这些事实认识不充足，面对这类的题目便无从下手。至于解这个题目要用到乘法、减法、除法，如果对于这些法则的根本意义不曾理解，那也是束手无策的。

现在我们转到“棕榄谜”上去。然而先得说明，我们要研究的是究竟有多少猜法，而不是怎样可猜中。从数学上来说，差不多是猜不中的，即使有人猜中那只是偶然的幸运。

我们要解答的题目是：在所绘的五十六张牌中，按照雀牌规则，选出十四只来排成和牌一副，有多少种选法？

这个题目的解答，就客观的条件来说，当然是可能的，因为从五十六张牌中选出十四张的方法有多少种，可以用法则计算。在这些中，只要减去按照雀牌规则排不成和牌的数目就行了。

解答这个题目，我们首先需要知道的是些什么呢？从事实上说，应当知道依照雀牌的规则，怎样叫做一副和牌。

从算理上说，应当知道从若干东西中取出部分来的计算方法。

四

我相信所谓雀牌，读者当中十分之九是认识的。至于怎样玩法，知道的也许没有这般普遍，但是也不用细说。这里需要说明一下什么是一副和牌。

十四张牌，如果可凑成四组三张的和一组两张的，这便是和了。为什么说凑成呢？因为并不是随便三张或两张都有成为一组的资格。

按照雀牌规则，三张成一组的只有两种：一是完全相同的；二是花色，如所谓筒、条、万，相同而连续的，如一、二、三筒；二、三、四条；三、四、五万等。至于两张成一组的那只有对子才能算数。

以所绘的五十六张为例，那么“棕棕棕，榄榄榄，香香香，皂皂皂，珂珂”便是一副和牌，而图中的十二只香皂再任意配上别的一对也是一副和牌，因为十二只香皂恰好可排成“一一一，二三四，五六七，七八九”四组。

五

从若干东西中取部分出来，应当怎样计算呢？比如你约了九个朋友，总共十个人，组织一个数学研究会，要选两个人做干事，这有多少方法呢？

假如你已看过从前中学生的《数学讲话》，还能记起所讲过的排列法，那么这便容易了。假设两个干事还分正、副，那么这只是从十件东西中取出两件的排列法，它的总数是：

$${}_{10}P_2=10\times9=90$$

但是前面并没有说过分正、副，所以在这九十种中，王老三当正干事，李老二当副干事，与李老二当正干事，王老三当副干事，在本题只能算一种。因此从十个人当中推两个出来当干事，实际的方法只是：

$${}_{10}P_2\div2=90\div2=45$$

同样地，假如你要在*A*、*B*、*C*、*D*……二十六个字母中，取出两个来做什么符号，如果所取的次序也有关系，*AB*和*BA*以及*BC*和*CB*……两两不相同，则你的取法共是：

$${}_{26}P_2=26\times25=650$$

如果所取的次序没有关系，*AB*和*BA*以及*BC*和*CB*……两两相同，只能算成一种，则取法共是：

$${}_{26}P_2\div2=650\div2=325$$

由此可以推到一般的情形中去，从n件东西里取出两个来的方法，不管它们的顺序，则总共的取法是：

$${}_{n}P_2\div2=\frac{n(n-1)}{2}$$

到了这一步，我们的讨论还没完，因为所取的东西都只有两件，如果是三件怎样呢？在你组织的数学研究会中，如果选举的干事是三人，总共有多少选举法呢？

假定这三个干事的职务不同，比如说一个是记录，一个是会计，一个是政务，那么推选的方法便是从十个当中取出三个的排列，而总数是：

$${}_{10}P_3=10\times9\times8=720$$

但是如果不管职务的差别，则张、王、李三个人被选出来后，无论他们对于三种职务怎样分担都是一样的，只能算是一种选举法。因此我们应当用三个人三种职务分担法的数目去除前面所得的720，而三个人三种职务的分担法总共是：

$${}_3P_3=3\times2\times1=6$$

所以从十个人中选出三个干事的方法共是：

$${}_{10}P_3\div{}_3P_3=\frac{10\times9\times8}{3\times2\times1}=120$$

同样地，如果从A、B、C、D……二十六个字母中取出三个，不管他们的顺序，则总数是：

$${}_{26}P_3\div{}_3P_3=\frac{26\times25\times24}{3\times2\times1}=2600$$

因为在${}_{26}P_3$的各种排列中每三个字母相同只有顺序不同的（如ABC，ACB，BAC，BCA，CAB，CBA）只能算成一种，就是${}_3P_3$当中的各种只算成一种。

从这里我们可以看出来，前面计算取两个的例子，我们用2作除数，在算理上应当是：

$${}_2P_2=2\times1=2$$

于是我们可以得出一般的公式来，从n件东西中，取出m件的方法应当是：

$$ {}_nP_m \div {}_mP_m = \frac{n(n-1)(n-2)\cdots\cdots(n-m+1)}{m(m-1)(m-2)\cdots\cdots2\cdot1} \quad (1) $$

$$ = \frac{n(n-1)(n-2)\cdots\cdots(n-m+1)}{m!} $$

如果用${}_nC_m$来代替“从n件东西中取m件”的总数，则

$$ {}_nC_m = \frac{n(n-1)(n-2)\cdots\cdots(n-m+1)}{m!} \quad (1') $$

这个公式便是一般的计算组合的式子，为了简便一些，还可以将它的形式变更一下；

因为：$\dfrac{n(n-1)\cdots\cdots(n-m+1)}{m!}$

$$ = \frac{[n(n-1)\cdots(n-m+1)][(n-m)(n-m-1)\cdots1]}{m![(n-m)(n-m-1)\cdots1]} $$

$$ = \frac{n!}{m!(n-m)!} $$

所以：$$ {}_nC_m = \frac{n!}{m!(n-m)!} \quad (2) $$

举个例子，如果在十八个球员中选十一个出来和别人比赛，推举的方法总共便是：

$$ {}_{18}C_{11} = \frac{18\cdot17\cdot16\cdot15\cdot14\cdot13\cdot12\cdot11\cdot10\cdot9\cdot8}{11\cdot10\cdot9\cdot8\cdot7\cdot6\cdot5\cdot4\cdot3\cdot2\cdot1} = 31824 $$

这是依照了公式（1）计算的，实际我们由公式（2）计算更简捷些，

因为：$_{n}C_{m}=\frac{n!}{m!(n-m)!}=\frac{n!}{(n-m)!m!}=\frac{n!}{(n-m)!\,[n-(n-m)]!}={}_{n}C_{(n-m)}$

所以：$_{18}C_{11}={}_{18}C_{18-11}={}_{18}C_{7}=\frac{18\cdot 17\cdot 16\cdot 15\cdot 14\cdot 13\cdot 12}{7\cdot 6\cdot 5\cdot 4\cdot 3\cdot 2\cdot 1}=31824$

$_{n}C_{m}={}_{n}C_{(n-m)}$这个性质，从实际推想出来，非常有趣味。前面是说从$n$件里面取出$m$件，后面是说从$n$件里面取出（$n-m$）件，这两样的数目当然是一样的。

试想：比如一口袋里面装有n件小物体，你从口袋里摸出m件，那里面所剩的便是（$n-m$）件。你的摸法不同，口袋里的剩法也不同。你有若干种摸法，口袋里便随着有若干种剩法。

摸法和剩法完全是就你自己的地位说的，就物体而言，不过分成两组，一在口袋外，一在口袋里罢了。那么，取和舍的方法相同不是当然的吗?

组合的基本计算不过这么一回事，但是这里有一点应当注意，上面所说的n件物体是完全不相同的，如果其中有些相同，计算起来便有些不一样了。

回归到“棕榄谜”上去，假如五十六张全不相同，那么捡出十四张的方法便是：

$_{56}C_{14}=5,8047,3196,3800$

六

按照理论来说，既然已经知道从五十六张全不相同的牌中取出十四张的方法的数目，进一步将相同而重复的数目以及不成一副和牌的数目减去，便得到所求的答案了。

然而说起来容易，做起来却不简单。实际上要计算不成一副和牌的数目，比另起炉灶来计算能成一副和牌的数目更繁杂。我们另走一条路吧！

按照雀牌的规则仔细想一想，每一张牌要在一副和牌中能占一个位置，都必得和别的牌联络，六亲无靠只有被淘汰。因此，我们研究和牌的形式不必从每一张上着想，而可改换途径，用每一组做单元。

那么，所绘的五十六张牌中，三张或两张一组，能够有多少组是有资格加入到和牌里去呢？

要回答这个问题，我们先将所有的材料整理一下，五十六张中，就花色说，数目的分配是这样的：

第一，字

棕3榄3香3皂3珂3路3簳4

第二，花色

类别＼数别	一	二	三	四	五	六	七	八	九
香皂	3	1	1	1	1	1	2	1	1
牙膏	1	1	1	1	1	1	1	1	3
皂珠	3	1	1	1	1	1	1	1	1

这些材料参照雀牌规则可以组成三张组和二张组的数目如下：

第一，字：

①三同色组：棕、榄、香、皂、珂、路、簳各1

组，共7组

②三连续组：无

③对子组：棕、榄、香、皂、珂、路、搿各1组，共7组

第二，花色：

	香皂	牙膏	皂珠
①三同色组	1组	1组	1组
②三连续组	7组	7组	7组
③对子组	2组	1组	1组

各组数目的计算，三同色组和对子组是已有的材料，一看便知，只有三连续组，就是从1、2、3、4、5、6、7、8、9共九个自然数中取三个连续的方法。

关于这一种数目的计算和前面所说的一般的组合法显然不同。这有没有一定的公式呢？直截了当地回答“有”。

设有n个连续的自然数，要取2个相连续的，那么取的方法总共就是：

$$n-(2-1)=n-2+1=n-1$$

因为从第一个起，将第二个和它相连得一种，接着我们将三个去换第一个又得一种，再将第四个去换第二个又得一种，依次下去，最后是将第n个去换第（n-2）个。所以n个中除去第一个外，共有（n-1）个都可和它们前面一个相连成一种，因而总共的方法便是（n-1）种。

为什么上面的式子一开始我们要写成$n-(2-1)$呢？因为

每组要两个，全数中就只有一个是没有前面的数供它连上去的。

由此可知，在n个连续的自然数中，要取3个连续数的方法共是：

$$n-(3-1)=n-3+1=n-2$$

因为是3个一组，所以最前面便有（3-1）个没有前面的数供它们连上去。由这个公式，9个连续的自然数中，要取3个连续数的方法便是：

$$9-(3-1)=9-2=7$$

把上面的公式推到一般情形中去，就是从n个连续的自然数中取m个连续的方法，总共是：

$$n-(m-1)=n-m+1$$

七

按照前面计算的结果，三张组总共是31组，对子组总共是11组，而一副和牌所包含的是四个三张组和一个对子组。我们很容易想到，只要从31组三张组中取出4组，再从11组对子组中取出1组，两相配合，便成一副和牌。

而三张组的取法共是${}_{31}C_4$，对子组的取法共是${}_{11}C_1$。因为两种取法中的任何一种，都可以同其他一种中的任何一种配合，所以总数便是：

$$_{31}C_4 \times {}_{11}C_1 = \frac{31 \cdot 30 \cdot 29 \cdot 28}{4 \cdot 3 \cdot 2 \cdot 1} \times \frac{11}{1} = 34,6115$$

然而这个数目太大了，因为这些配合法就所绘的材料来说，有些是不可能的。从31组三张组中取4组的总数是$_{31}C_4$，但是因为材料的限制，实际上并不能这么自由。

比如取了香皂的三同色组，则它的三连续组中的“一二三”这一组就没有了；如果取了三连续组中的“一二三”这一组，则“二三四”和“三四五”这两组也没有了。

还有将对子配上去，也不是尽如人意的事，如取了某一种的三同色组，则那一色的对子组便没有了；又如取了香皂的“五六七”或“六七八”或“七八九”，则香皂“七”的对子组也就没有了。

从上面所得的346115种中减去这些不可能的数，那么便是我们所要求的了。然而要找这个减数，依然很繁杂。还有别的方法吗?

八

为了避去不可能的取法，我们试就各种花色分开来取，然后再相配成四组。

第一，字：这类的三张组总共是七组，所以取一组、二组、三组、四组的方法相应地是：

$$_7C_1 = \frac{7}{1} = 7 \qquad {}_7C_2 = \frac{7 \cdot 6}{2 \cdot 1} = 21$$

$$_7C_3 = \frac{7 \cdot 6 \cdot 5}{3 \cdot 2 \cdot 1} = 35 \qquad {}_7C_4 = {}_7C_3 = 35$$

第二，花色：

		香皂	牙膏	皂珠
一组	含三同色的	1	1	1
	不含的	7	7	7
二组	含三同色的	6	6	6
	不含的	11	10	10
三组	含三同色的	7	6	6
	不含的	3	1	1
四组	含三同色的	1	0	0
	不含的	0	0	0

这个表中只取一组和四组的数目是用不到计算就可知道的，取二组的数目的计算法如下：

①含三同色组的：本来一种花色只有一组三同色组，所以只需从三连续组中任取一组同它配合便可以了。不过七组当中有一组是含“一”（香皂和皂珠）或“九”（牙膏）的，因为“一”或“九”已用在三同色组中，不能再有。因此只能在六组中取出来配合，而得$1\times{}_6C_1=6$

②不含三同色组的：就香皂说，分别计算如下：

a. 含“一二三”组的：这只能从4、5、6、7、8、9共六个连续的自然数中任取一个三连续组同它配合，依前面的公式得$6-3+1=4$。

b. 含“二三四”组的：照同样的理由共$5-3+1=3$。

c. 含“三四五”组的：$4-3+1=2$。

d. 含“四五六”组的：和a中相同的不算，共是$3-3+1=1$。

e. 含“五六七”组的：和上面相同的不算，只有“七八九”一组和它相配，所以也是1。

五项合计就得4+3+2+1+1=11。

但是就牙膏和皂珠来说，e这一组是没有的，因此只有10组。

取三组的计算法，根据取二组的数目便可得出：

①含三同色组的：就香皂说，取*b*到*e*各组中的任一组和三同色组配合便是，所以总数是7。在牙膏或皂珠中因为缺少*e*这一项，所以总数只有6。

②不含三同色组的：就香皂说，可分为几项，如下：

a 中含“一二三”组的：只有前面的 d 和 e 中各组相配合，所以总数是2。

b 含“二三四”组的：只有前面的 e 可配合，所以总数是1。

两项合计便是3。

但是就牙膏或皂珠说，都只有“一二三”“四五六”“七八九”1种。

至于四组的取法，这很容易明白，用不到计算了。

九

依照雀牌的规则，一副和牌含有四组三张组，我们现在的问题便成了就前面所列的各种组别来相配。为了便于研究，用含有字组的多少来分类，这比较容易明白。

第一，四组字的：

这一种很容易明白就是：${}_7C_4=35$

第二，三组字的：

三组字的取法共是$_7C_3$，将每种和花色中的任一组相配就成了四组，而花色中共是24组，所以这种的总数是：

$_7C_3 \times {}_{24}C_1 = 35 \times 24 = 840$

第三，二组字的：

二组字的取法共是$_7C_2$，将花色组和它配成四组，这有两种办法：

①两组花色相同的（同是香皂或牙膏或皂珠）：只需在二组花色的取法中，任用一种相配合。而两组花色相同的取法共是$6+11+6+10+6+10=49$，所以配合的总数是：

$$_7C_2 \times {}_{49}C_1 = 21 \times 49 = 1029$$

②两组花色不同的：这就是说在香皂、牙膏、皂珠中，任从两种中各取一组和两组字相配合。第一步，从三种中任取二种的方法共是$_3C_2$。而每一项取法中，各种取一组的方法都是$_8C_1$，因此配成两组的方法是$_8C_1 \times {}_8C_1$，由此便可知道总共的配搭法是：

$$_7C_2 \times {}_8C_1 \times {}_8C_1 \times {}_3C_2 = 21 \times 8 \times 8 \times 3 = 4032$$

第四，一组字的：

一组字的取法共是$_7C_1$，需将三组花色同它配合，这便有三种配合法：

① 三组花色相同的：三组花色相同的取法共是$7+3+6+1+6+1=24$，在这24种中任取一组和任一组字配合的方法是：

$${}_{7}C_{1}\times{}_{24}C_{1}=7\times24=168$$

② 两组花色相同的：如果是从香皂中取两组，在牙膏或皂珠中取一组，配合的方法都是${}_{17}C_{1}\times{}_{8}C_{1}$，所以共是${}_{17}C_{1}\times{}_{8}C_{1}\times2$。但是如果从牙膏中取两组，而在香皂或皂珠中取一组，配合的方法都是${}_{16}C_{1}\times{}_{8}C_{1}$，所以共是${}_{16}C_{1}\times{}_{8}C_{1}\times2$。从皂珠中取两组的配法自然也是${}_{16}C_{1}\times{}_{8}C_{1}\times2$，由此，这一类花色的取法共是：

$$\begin{aligned}&{}_{17}C_{1}\times{}_{8}C_{1}\times2+{}_{16}C_{1}\times{}_{8}C_{1}\times2+{}_{16}C_{1}\times{}_{8}C_{1}\times2\\&\qquad=({}_{17}C_{1}+{}_{16}C_{1}+{}_{16}C_{1})\times{}_{8}C_{1}\times2={}_{49}C_{1}\times{}_{8}C_{1}\times2\end{aligned}$$

将这中间的任一种和任一组字配合就成为四组，而配合法共是：

$${}_{7}C_{1}\times{}_{49}C_{1}\times{}_{8}C_{1}\times2=7\times49\times8\times2=5488$$

③三组花色不同的：这只能从香皂、牙膏、皂珠中各取一组而配合成三组，所以配合法只有${}_{8}C_{1}\times{}_{8}C_{1}\times{}_{8}C_{1}$，再同一组字相配的方法是：

$${}_{7}C_{1}\times{}_{8}C_{1}\times{}_{8}C_{1}\times{}_{8}C_{1}=7\times8\times8\times8=3584$$

第五，无字组的：

这一种里面，我们又可依照含香皂组数的多少来研究。

①四组香皂的：前面已经说过只有1种。

②三组香皂的：香皂的取法是10种，每一种都可以和一组牙膏或皂珠配合，而牙膏和皂珠取一组的方法是${}_{16}C_{1}$，所以总共的配合法是：

$${}_{10}C_1 \times {}_{16}C_1 = 10 \times 16 = 160$$

③两组香皂的：这有两种配合法：

a. 和两组牙膏或皂珠相配：

配合法共是 ${}_{17}C_1 \times {}_{16}C_1 \times 2$

b. 牙膏和皂珠各一组相配：

配合法共是 ${}_{17}C_1 \times {}_{8}C_1 \times {}_{8}C_1$

所以总共是：

$${}_{17}C_1 \times {}_{16}C_1 \times 2 + {}_{17}C_1 \times {}_{8}C_1 \times {}_{8}C_1 = 17 \times 16 \times 2 + 17 \times 8 \times 8 = 1632$$

④一组香皂的：这也有两种配合法：

a. 和三组牙膏或皂珠相配：配合法共是 ${}_{8}C_1 \times {}_{7}C_1 \times 2$

b. 和两组牙膏、一组皂珠或一组牙膏、两组皂珠相配：配合法共是 ${}_{8}C_1 \times {}_{16}C_1 \times {}_{8}C_1 \times 2$

所以总共是：

$${}_{8}C_1 \times {}_{7}C_1 \times 2 + {}_{8}C_1 \times {}_{16}C_1 \times {}_{8}C_1 \times 2 = 8 \times 7 \times 2 + 8 \times 16 \times 8 \times 2 = 2160$$

⑤没有香皂的：这有三种配合法：

a. 三组牙膏、一组皂珠，配合法是 ${}_{7}C_1 \times {}_{8}C_1$

b. 两组牙膏、两组皂珠，配合法是 ${}_{16}C_1 \times {}_{16}C_1$

c. 一组牙膏、三组皂珠，依同理配合法是 ${}_{8}C_1 \times {}_{7}C_1$

所以总共是：

$${}_{7}C_1 \times {}_{8}C_1 + {}_{16}C_1 \times {}_{16}C_1 + {}_{8}C_1 \times {}_{7}C_1 = 56 + 256 + 56 = 368$$

到了这里，我们可以算一笔四组配合法的总账，不用说，这是一个小学生都会算的加法。虽然如此，还得写出来：

$$35+840+1029+4032+168+5488+3584+1+160+1632+2160+368=1,9497$$

到这里百尺竿头，只差一步了。在这19497种中各将一个对子配上去，便成了一副和牌。

十

就所有材料来说，总共有11个对子，如果材料可以自由使用，每一种四个三张组和一个对子相配都成一副和牌，所以总数应当是：

$$1,9497\times{}_{11}C_1=21,4467$$

然而这214467副牌中，有些又是不可能的了。含着某一种三同色组的，那一色的对子便没有。而含有香皂“五六七”“六七八”“七八九”中的一组的，香皂“七”的对子也没有了。

这么一想，配对子上去也不是一件简单的事呀。因此，计算配对子的方法还得像前面一样分别研究。字的变化比较少而且规则单纯，所以仍然以含字组的数目为标准来分类。

第一，四组字的：

这一种里面，因为用了四种字，所以每副只有3个字对子可配合，但是4种花色对子却全可配上去。因此每种都有7个对子可配而成七副和牌，总共可成的和牌数便是：

$${}_7C_4\times7=35\times7=245$$

第二，三组字的：

这一种里面，因为用了三种字，所以字对子每副只有4个可配，而花色对子的配合法比较复杂，得另找一个头绪计算。单就配字对子来说，总数是：

$${}_7C_3 \times {}_{24}C_1 \times 4 = 840 \times 4 = 3360$$

凡是含有香皂或牙膏或皂珠的三同色组的，那一种花色的对子便不能有，所以每副只有3个花对子可配合。而含三字组和一组花色三同色组相配，共是${}_7C_3 \times 3$，因此可成功的和牌数是：

$${}_7C_3 \times 3 \times 3 = 35 \times 9 = 315$$

凡不含香皂、牙膏和皂珠的三同色组的，一般说来，每副都有4个花色对子可配；只有含香皂“五六七”“六七八”“七八九”三组中的一组的，少了一个香皂的对子“七”。

花色的三连续组取一组的方法共是${}_{21}C_1$和三组字的配合法便是${}_7C_3 \times {}_{21}C_1$，将花色对子分别配上去的总数是${}_7C_3 \times {}_{21}C_1 \times 4$，而其中有${}_7C_3 \times {}_3C_1$种是含有香皂“七”的，少一对可配的对子，所以这一种能够配成和牌的数目是：

$${}_7C_3 \times {}_{21}C_1 \times 4 - {}_7C_3 \times 3 = 35 \times 21 \times 4 - 35 \times 3 = 2835$$

第三，二组字的：

这一种里面，依前面所说过的同一理由，每一副有5个字对子可配合，这样配成的和牌的数目是：

$$({}_7C_2 \times {}_{49}C_1 + {}_7C_2 \times {}_8C_1 \times {}_8C_1 \times {}_3C_2) \times 5 = (1029 + 4032) \times 5 = 2,5305$$

对于花色对子的配合，因为所含花色的三张组的情形不同，可分成以下三项：

①含一组香皂、牙膏、皂珠的三同色组的，一般来说有3个花色对子可配，而三张组的配合法是：

a. 两组花色相同的共是 ${}_7C_2 \times {}_{18}C_1$

b. 两组花色不同的共是 ${}_7C_2 \times 1 \times {}_7C_1 \times {}_3C_2$

总共就是，${}_7C_2 \times {}_{18}C_1 + {}_7C_2 \times 1 \times {}_7C_1 \times {}_3C_2$，将3个花色对配上去，共是：

$$({}_7C_2 \times {}_{18}C_1 + {}_7C_2 \times 1 \times {}_7C_1 \times {}_3C_2) \times 3 = 2457$$

不过含有香皂“七”的，依然少一对可配合，应当从2457中将这个数减去。而它是 ${}_7C_2 \times {}_3C_1 \times {}_3C_1 = 189$，这里第一个 ${}_3C_1$ 是花色中三同色组取一组的方法。第二个 ${}_3C_1$ 是香皂中的“五六七”“六七八”“七八九”三个三连续组取一组的方法，所以这一项总共可成的和牌数是2457-189=2268

②含两组香皂、牙膏、皂珠三同色组的，每副只有2个花色对子可配合，可成的和牌数是：${}_7C_2 \times {}_3C_2 \times 2 = 126$

③不含香皂、牙膏、皂珠等三同色组的，一般来说有4个花色对子可配合，而总数是：

$$({}_7C_2 \times {}_{31}C_1 + {}_7C_2 \times {}_7C_1 \times {}_7C_1 \times {}_3C_2) \times 4 = 1,4952$$

这里面自然也要减去不能和香皂“七”的对子相配合的数。这种数目：

a. 就两组花色相同的来说共是 ${}_7C_2 \times 10 = 210$，因为在香皂中，不含三同色组的两组的取法虽然有11种，而除了“一二三，四五六”一种外，其余都是含有香皂“七”的；

b. 就两组花色不同的来说共是${}_7C_2\times{}_3C_1\times{}_7C_1\times 2=882$，${}_3C_1$是从香皂的“五六七”“六七八”“七八九”三组中取一组的方法，${}_7C_1$是从牙膏或皂珠中取一组三连续的方法，而对于牙膏和皂珠的情形完全相同，因此用2去乘。总共应当减去的数是$210+882=1092$，所以这种和牌数是：$14952-1092=13860$

第四，一组字的：

这一种里面，每一副都有6个字对子可以配合，这样配成的和牌总数是：

$$({}_7C_1\times{}_{24}C_1+{}_7C_1\times{}_{49}C_1\times{}_8C_1\times 2+{}_7C_1\times{}_8C_1\times{}_8C_1\times{}_8C_1)\times 6=5,5440$$

至于配搭花色对子，也需分别研究，共有四项：

①含一组香皂、牙膏、皂珠三同色组的，一般来说有3个花色对子可配合。而含一组三同色组的取法，又可分为三项：

a. 三组花色相同的，共有${}_7C_1\times{}_{19}C_1$。

b. 两组花色相同的，共有${}_7C_1\times{}_{18}C_1\times{}_7C_1\times 2+{}_7C_1\times{}_{31}C_1\times 1\times 2$。

c. 三组花色不同的，共有${}_7C_1\times{}_3C_1\times{}_7C_1\times{}_7C_1$，因此，可以配成和牌的数目是：

$$({}_7C_1\times{}_{19}C_1+{}_7C_1\times{}_{18}C_1\times{}_7C_1\times 2+{}_7C_1\times{}_{31}C_1\times 1\times 2+{}_7C_1\times{}_3C_1\times{}_7C_1\times{}_7C_1)\times 3=10080$$

在a中所有和香皂配合的，都不能和香皂“七”的对子相配，这个数目是${}_7C_1\times{}_7C_1$。

在b中含两组香皂的有$_7C_1 \times {}_3C_1 \times {}_7C_1 \times 2 + {}_7C_1 \times {}_{10}C_1 \times 1 \times 2$种香皂“七”的对子不能和它配合，而含两组牙膏或皂珠的各有$_7C_1 \times {}_6C_1 \times {}_3C_1$种不能和它配合，所以b里应减去$_7C_1 \times {}_3C_1 \times {}_7C_1 \times 2 + {}_7C_1 \times {}_{10}C_1 \times 1 \times 2 + {}_7C_1 \times {}_6C_1 \times {}_3C_1 \times 2$。

在c中含有牙膏或皂珠三同色组的各有$_7C_1 \times {}_7C_1 \times {}_3C_1$种不能和它配合，因此应减去的数是$_7C_1 \times {}_7C_1 \times {}_3C_1 \times 2$。总共应当减去$_7C_1 \times {}_7C_1 + {}_7C_1 \times {}_3C_1 \times {}_7C_1 \times 2 + {}_7C_1 \times {}_{10}C_1 \times 1 \times 2 + {}_7C_1 \times {}_6C_1 \times {}_3C_1 \times 2 + {}_7C_1 \times {}_7C_1 \times {}_3C_1 \times 2 = 1029$

因而这一项可成的和牌数是：$10080 - 1029 = 9051$

②含二组香皂、牙膏和皂珠三同色组的，一般来说只有2个花色对子可配合。这项当中，四组三张组的配合法，可以这样设想：由花色的三组三同色组取两组，而在各三连续组中取一组，前一种的取法是$_3C_2$，后一种的取法是$_{19}C_1$。

虽然三种花色中共有21组三连续组，但是某两种花色既取了三同色组就各少去了一组三连续组，因此只有19组可用。合计起来总共的和牌配合法是$_7C_1 \times {}_3C_2 \times {}_{19}C_1 \times 2 = 798$

这里面应当减去不能和香皂“七”对子相配合的数是$_7C_1 \times {}_3C_2 \times {}_3C_1 = 63$，所以可成的和牌数是$798 - 63 = 735$

③含三组香皂、牙膏和皂珠三同色组的，只有香皂“七”的对子可配合。和牌的数是$_7C_1 \times 1 = 7$

④不含香皂、牙膏和皂珠的三同色组的，一般来说有4个花色对子可配合。这也可分成三项研究：

a. 三组花色相同的，共是$_7C_1 \times {}_5C_1$。

b. 两组花色相同的，共是$_7C_1 \times {}_{31}C_1 \times {}_7C_1 \times 2$。

c. 三组花色不同的，共是$_7C_1 \times {}_7C_1 \times {}_7C_1 \times {}_7C_1$。

因此和对子搭配起来总共是：

$$({}_7C_1\times{}_5C_1+{}_7C_1\times{}_{31}C_1\times{}_7C_1\times2+{}_7C_1\times{}_7C_1\times{}_7C_1\times{}_7C_1)\times4=2,1896$$

所应当减去的：在a中是${}_7C_1\times{}_3C_1$，因为含三组香皂的，香皂“七”的对子都不能配合，而且也只有这些不能；

在b中含两组香皂的有${}_7C_1\times{}_{10}C_1\times{}_7C_1\times2$种不能和它配合。含其他两组同花色的，各有${}_7C_1\times{}_{10}C_1\times{}_3C_1$种不能和它配合，共是${}_7C_1\times{}_{10}C_1\times{}_7C_1\times2+{}_7C_1\times{}_{10}C_1\times{}_3C_1\times2$；

在c中共有${}_7C_1\times{}_7C_1\times{}_7C_1\times{}_3C_1$不能和它配合，所以总共应当减去的数是：

$${}_7C_1\times{}_3C_1+{}_7C_1\times{}_{10}C_1\times{}_7C_1\times2+{}_7C_1\times{}_{10}C_1\times{}_3C_1\times2+{}_7C_1\times{}_7C_1\times{}_7C_1\times{}_3C_1=2450$$

而这一项中可成的和牌数是：21896-2450=19446

第五，无字组的：

这一种里面，每副都有7个字对子可配合，这是极明显的，这里仍照前面的分项法研究：

①四组香皂的：7个字对子和2个花色对子（牙膏的和皂珠的）可配合，所以总共可成的和牌数是：

$$1\times(7+2)=9$$

②三组香皂的

a．字对子的配法是${}_{10}C_1\times{}_8C_1\times2\times7=1120$

b．花色对子的配法，因为含有三组香皂，所以香皂

“七”的对子都不能相配，如果只含一组三同色组的，有2个花色对子可配，这样的数是（${}_7C_1\times{}_7C_1\times2+{}_3C_1\times1\times2$）×2。如果含两组三同色组的只有1个花色对子可配合，这样的数目是${}_7C_1\times1\times2\times1$，因此总共的和牌数是：

$$({}_7C_1\times{}_7C_1\times2+{}_3C_1\times1\times2)\times2+{}_7C_1\times1\times2\times1=222$$

至于不含三同色组的，却有3个花色对子可配，而和牌总共的数目是：

$${}_3C_1\times{}_7C_1\times2\times3=126$$

合计起来这一项共是222+126=348

③两组香皂的

a. 字对子有7个可配，所以和牌的数目是：

$$({}_{17}C_1\times{}_{16}C_1\times2+{}_{17}C_1\times{}_8C_1\times{}_8C_1)\times7=11424$$

b. 花色对子的配合还得再细细地分别研究。

Ⅰ. 含有一组三同色组的，只有3个花色对子可配合，总数是：

$$({}_6C_1\times{}_{10}C_1\times2+{}_6C_1\times{}_7C_1\times{}_7C_1+{}_{11}C_1\times{}_6C_1\times2+{}_{11}C_1\times1\times{}_7C_1\times2)\times3=2100$$

而应当减去的数是：

$${}_3C_1\times{}_{10}C_1\times2+{}_3C_1\times{}_7C_1\times{}_7C_1+{}_{10}C_1\times{}_6C_1\times2+{}_{10}C_1\times{}_7C_1\times1\times2=467$$

所以这项的和牌数是：2100-467=1633

Ⅱ. 含有两组三同色组的，一般来说，只有2个花色对子可配合，其中自然也得减去香皂“七”的对子所不能配合的，而和牌的总数是：

$$({}_6C_1\times{}_6C_1\times2+{}_6C_1\times1\times{}_7C_1\times2+{}_{11}C_1\times1\times1)\times2-({}_3C_1\times{}_6C_1\times2+{}_3C_1\times1\times{}_7C_1\times2+{}_{10}C_1\times1\times1)=246$$

Ⅲ. 含有三组三同色组的，这只有一部分不含香皂七的可以同香皂七的对子配合成和牌，这样的数目是：${}_3C_1\times1\times1=3$

Ⅳ. 不含三同色组的，一般来说有4个花色对子可配合，也应当减去香皂“七”的对子所不能配合的，这一项和牌的总数是：

$$({}_{11}C_1\times{}_{10}C_1\times2+{}_{11}C_1\times{}_7C_1\times{}_7C_1)\times4-({}_{10}C_1\times{}_{10}C_1\times2+{}_{10}C_1\times{}_7C_1\times{}_7C_1)=2346$$

这四小项所得的数共是：$1633+246+3+2346=4228$

④一组香皂的

a. 字对子也是7个都可以配合，所以这样的和牌数是：

$$({}_8C_1\times{}_7C_1\times2+{}_8C_1\times{}_{16}C_1\times{}_8C_1\times2)\times7=1,5120$$

b. 花色对子的配合同样需要细分研究。

Ⅰ. 含一组三同色的和牌数是：

$$(1\times1\times2+1\times{}_{10}C_1\times{}_7C_1\times2+{}_7C_1\times{}_6C_1\times2+{}_7C_1\times{}_6C_1\times{}_7C_1\times2+{}_7C_1\times{}_{10}C_1\times1\times2)\times3-({}_3C_1\times{}_6C_1\times2+{}_3C_1\times{}_6C_1\times{}_7C_1\times2+{}_3C_1\times{}_{10}C_1\times1\times2)=2514$$

这里第一个括弧中的前两项是香皂取一组三同色的。而第一项是和牙膏或皂珠三连续组的三组配合，第二项是在牙膏或皂珠中取三连续组两组和其他一种中的一组三连续组配合。香皂“七”的对子都配得上去。

后三项是香皂取一组三连续组和牙膏或皂珠的一组三同色组以及别的两组的配合，所以这项中有些是香皂“七”的对子不能配的，应当减去。

Ⅱ. 含两组三同色组的，一般只有2个花色对子可相配，配合的情形依前一种可类推，和牌和总数是：

$$(1\times{}_6C_1\times2+1\times{}_6C_1\times{}_7C_1\times2+1\times{}_{10}C_1\times1\times2+{}_7C_1\times{}_6C_1\times1\times2)\times2-{}_3C_1\times{}_6C_1\times1\times2=364$$

Ⅲ. 含三组三同色组的，这自然只有香皂“七”的对子可以配合了，和牌数是：

$$1\times{}_6C_1\times1\times2=12$$

Ⅳ. 不含三同色组的，一般来说有4个花色对子可配合，也应当减去香皂“七”的对子所不能配合的，所以和牌的总数是：

$$({}_7C_1\times1\times2+{}_7C_1\times{}_{10}C_1\times{}_7C_1\times2)\times4-({}_3C_1\times1\times2+{}_3C_1\times{}_{10}C_1\times{}_7C_1\times2)=3550$$

这四小项共是2514+364+12+3550=6440

⑤没有香皂的：这一项里每副7个字对子和2个香皂的对子都可以去配合，这样的和牌数目共是：$({}_7C_1\times{}_8C_1\times2+$

${}_{16}C_1 \times {}_{16}C_1) \times (7+2) = 3312$

此外，就只剩牙膏或皂珠的对子的配合了。只含一组三同色组有1个对子可配合，一组不含的有2个对子可配合，所以和牌的数目是：

$$({}_6C_1 \times {}_7C_1 \times 2 + 1 \times 1 \times 2 + {}_6C_1 \times {}_{10}C_1 \times 2) \times 1 + (1 \times {}_7C_1 \times 2 + {}_{10}C_1 \times {}_{10}C_1) \times 2 = 434$$

读者大概已是头昏脑涨了，但是恭喜你，我们现在所差的只是将这些分户账总结一下，这不过是一个中等复杂的加法而已。

所谓棕榄谜，究竟有多少猜法？要知谜底，请看下面：

$$245 + 3360 + 315 + 2835 + 25305 + 2268 + 126 + 13860 + 55440 + 9051 + 735 + 7 + 19446 + 9 + 1120 + 348 + 11424 + 4228 + 15120 + 6440 + 3312 + 434 = 175428$$

这175428副和牌，还是单就雀牌的常见规则来说。一般玩雀牌的人，还有和十三幺的说法，在西南几省还有和七对的。

所谓十三幺，按照棕榄谜的说法，就是一副中，棕、榄、香、皂、珂、路、搿、香皂一、九，牙膏一、九，和皂珠一、九，十三只都有而且有一张成对。在所绘的材料中除香皂九、牙膏一，和皂珠九不能成对外还有十种可以成对，所以十三幺的和法共有10种。

至于七对的和法，因为总共有12个对子可以做成——棕、榄、香、皂、珂、路、香皂一、香皂七、牙膏九、皂珠一各1对，搿2对。所以和法共是：

$$ {}_{12}C_7={}_{12}C_5=\frac{12\cdot 11\cdot 10\cdot 9\cdot 8}{5\cdot 4\cdot 3\cdot 2\cdot 1}=792 $$

将这三种合起来，和牌的副数便是：

$$ 175428+10+792=176230 $$

读者如果预先想到一个答数，看到这里就能够进行比较，我且问你，真实的数目和你预估的相差多少呢？

十一

现在我们可以说猜的话。按照它的游戏规则来说，每人以四猜为限，你如果规规矩矩地猜了四猜，你的希望不过是：

$$ \frac{4}{17,6230}=\frac{1}{4,4058}\text{弱} $$

就是$\frac{1}{44058}$还不到，依概率说，这实在是太微弱了。

你也许可以这样想，我们可以揣摩公司的心理，这样，就比较有把握。但是如果该公司排定的和牌不是偶然的，而有什么用意，可以被别人揣摩到，那么能猜中的人就一定不少。

依照它的游戏规则所规定的，赠品仅以十台为限，如猜中者超过十人，则再用抽签法决定，所以你就是猜中了，得奖的希望还是不大。

从少数说，比如有二十个人猜中，那么你也不过只有一半的希望。因为从二十个人中抽出十个人的方法总共是${}_{20}C_{10}$，能够抽到你的机会是${}_{19}C_9$，你的希望便是：

$$ {}_{19}C_9\,/\,{}_{20}C_{10}=\frac{19!}{9!10!}\div\frac{20!}{10!10!}=\frac{19!}{9!10!}\times\frac{10!10!}{20!}=\frac{1}{2} $$

是的，一半的希望本不算小，但是由揣摩心理去猜中，这是多少渺茫呵！你也许会想到，用44058个名字，各种和牌都猜去，自然一定会中的。然而，朋友，你别忙着开心，这是不可能实现的，或者还可能倒霉。为什么呢？

总共176230副和牌，按照它的规定，要你从图上将捡定的14张剪贴在参赛券上。就算你很敏捷，两分钟可以剪贴成一张，你也很勤奋，每天可以连续不断地剪贴12个小时，我们来算算看。

两分钟剪贴一张，一小时可剪贴30张，一天工作12小时，总共也不过可剪贴360张。要全部剪贴完，就要489天6小时20分钟。你每天都不中断，也需一年四个多月。然而游戏的截止日期是当年9月10日，怎么能实现呢？

为什么也有可能倒霉？依游戏规则，每一猜需附寄大号棕榄香皂绿包纸及黑纸带各一。这就是说你要猜一条就得买一块大号棕榄香皂，所以你要全猜需得买176230块。按照平常的价钱每块要0.26元，就算你买得多打对折也要0.13元，总共就要22909.09元，你有这么多的闲钱吗？

再进一步想，公司将香皂这样卖给你，每块不过赚你一分钱，他也就赚了你1762.3元。

朋友*F*君说：绿包纸及黑纸带可以想方设法去收集，一个铜圆一副。好，就这么办吧！176230个铜圆，按照上海当时的行情说，算是300个铜圆1元钱，也要587.43元，你又要用四万多个信封，还不够自己买一台收音机吗？

还有一点补充一下。上面所计算的和牌的数目十七万多，这还只就每副牌所包含的十四张的情形而言，游戏规则说参加游戏者亦可在五十六张中捡出十四张“排”成和牌一副，如与本公司所“排定”的和牌“完全”相同……

假如这项规定的本意不但是要你猜中他所“排定”那一副和牌是用哪十四张，而且还需“排”得一样。那么，朋友，这个数目可够你算了。一副和牌排法最多的，就是十四张中除一个对子外都不相同的，它的排法是：

$$\frac{{}_{14}P_{14}}{{}_{2}P_{2}}=\frac{14!}{2!}=7\times 13!=4,3589,1456$$

而最少的，含有四组三同色组和一对的，也有168168种排法。

$$\frac{{}_{14}P_{14}}{{}_{3}P_{3}\cdot{}_{3}P_{3}\cdot{}_{3}P_{3}\cdot{}_{3}P_{3}\cdot{}_{2}P_{2}}=\frac{14!}{3!3!3!3!2!}=16,8168$$

十七万多副和牌的排法共有多少，这个数不是够你算了吗？而算了出来，你有办法说清楚吗？

假如棕榄公司的经理要你“排”得“完全”和他“排定”的相同，你要去猜，猜中的概率岂不是如大海捞针吗？

9 韩信点兵

记得那年我才8岁，常常随祖父去看他的老友。有一次到一个小盐商家去，他一见我们祖孙俩走到货摊跟前，一边拉出长板凳，一边向祖父说："请坐，请坐，好福气，四孙少爷都这么大了。"

"什么福啊！奔波劳碌的命！"

"哪里，哪里，四孙少爷已经上学了吧？"

"不要这么叫，孩子嘛，今年已随着哥哥进学校了，在家里淘气得很，还是去找个管束的好。"

说完，祖父微笑着抚摸我的头。盐老板和他说了一些家常话，不知怎的，突然却转到了我的身上："在学校里念些什么书呢？"

"国文、算术……"我这样回答。

"还学算吗？好，给你出一个题，算得出，请你吃晚饭。"这使我有点奇怪，心里猜不透他是叫我算乘法，还是除法。我有些恐慌，怕他叫我算四则问题，我目不转睛地看着他，他不慌不忙地说了出来："三个三个地数剩两个，五个五个地数剩三个，七个七个地数也剩两个，你算是几个？"

我一听心里非常高兴，暗地里还有点骄傲："这样的题目，哪个不会算！"

这时我正好学完公倍数、公约数，而且不久前还算过这样一个题目："某数以三除之余二，以四除之余三，以五除之余四，以六除之余五，问某数最小是多少？”

我把这两个题目看成是一样的，它们都是用几个数去除一个数，全除不尽。这第二个题的算法我记得十分清楚，所以我觉得很有把握。不但是这样，而且我觉得两个题目有些不同，第二个题目只问我一个最小的答数。

当我正在这样寻思的时候，祖父便问道：“算得出吗？”

“算得出来，不止一个答数。”我就这样回答以后，那位老板就恭维起我来了，对着祖父说：“真好福气！一想就想出来了，将来一定比大老爷还强。”

祖父又是一阵客气，然后对着我说：“你说一个答数看。”

我所算过的题，是先求出3、4、5、6四个数的最小公倍数60，然后减去1得59。我于是依样先求3、5、7三个数的最小公倍数，心里暗想着“三五一十五，七五三十五，一百零五”。再就是要减去一个数了。

我算过的题因为“以三除之余二”是差个一（3-2=1）就除尽，所以要减去“一”。现在“三个三个地数，剩两个”正是一样，也只要减去“一”，所以我就从一百零五当中减去一，而立刻回答道：“最小的一个数是一百零四，还有二百零九（104+105=209）也是。”

这时，我感到很得意和快乐，期望得到老板的夸奖。岂知出乎我的意料之外！他说：“一百〇四，五个五个地数剩的是四个，不是三个。”

这我怎么没想到呢？于是我想，应当从一百零五当中减去二（5-3=2），我就说：“一百零三。”

“三个三个地数只剩一了。”

我羞愧极了，居然遇到了这么大的失败！尤其是在别人面前失败。我记得很清楚，我一只手扯着衣角，一只手握紧拳头，脸上如火烧一般，低着头，不停地在心里转念头，把我所算过的题目都想了一遍。

但是突然，和它相像的一个也没有了，我后来下定决心，胆大地说："恐怕题目出错了吧！"

然而得到的却是一个使我更加窘迫的回答："没有错的。"连我的祖父也这样说。

急中生智，我居然找到了一条新路，我想三个去除剩两个，五个去除剩三个，我可以先找三个去除剩两个的一些数，再一个一个地拿五去除来试。

这真是一条光明的路，第一个我想到的是"五"，这自然不对，用五去除并没有剩余。接着想到的是"八"，正好用三去除剩二，用五去除剩三。我真喜出望外："八！"

"还是不对，七个七个地数，只剩一个。"

这真叫我走投无路了！那天的晚饭虽然仍是那位老板留我们吃，但是当祖父答应留在那里的时候，我非常难过，眼巴巴地望着他，希望他能领我回家，我真是脸上热一阵冷一阵的，哪儿有心思吃饭！我想得头都涨了，总想不出答案。

羞愧、气愤，甚至有些恼怒，真不是滋味！终于在夜里跟随祖父回了家。我的祖父对我很慈爱，但是也很严格，他在外面虽然不曾对我说什么，一到家里，便开始教训我了："读书要用心！在别人的面前不要说大话！'宁在人前全不会，勿在人前会不全！'小小年纪知道些什么呢？别人问到就说不知道好了……"

这时，他严肃的脸上还带有几分生气的神情。他教训我时，我的母亲、婶母、哥哥都在旁边。

后来他慢慢地将我的遭遇说给他们听，我的哥哥听他说完了题目便脱口而出："23。"

"别人告诉过你的！"我非常不服气地说。

"还这样不上进。"祖父真生气了。

从那夜起，一直两三天，我总怕见到祖父。我任何时候都在想这个题的算法，可最终还是我的哥哥将这个题目的秘诀告诉了我，还说这叫"韩信点兵"。

现在想起来，那次遭遇以及祖父所给我的教训，实在不是我的年龄所应当承受的。不过这样的教育，对于我也有很大的帮助，它使我后来对数学有了较浓厚的兴趣。

数学有时会叫人头痛，然而经过一次头痛，总有一次进步。通过这次的失败，我对于思索问题的途径，确实得到了不少启示。在当时，有些自以为理解的，虽然也不免不切实际或错误，但是毕竟增长了一些趣味和能力。因此，我愿以最大的诚意，将这段经过叙述出来，以慰勉一些有类似遭遇的读者。

所谓"韩信点兵"，指的是那位盐老板所出题目的算法。虽然这个命名虽在明代程大位的《算法统宗》中才见到，但是这个问题在中国数学史上却很有来历，到了卖盐老板都知道，也可以当得起"妇孺皆知"的荣誉了。

这个题目最早见于《孙子算经》，原是这样的：

今有物不知数，三三数之，剩二；五五数之，剩三；七七数之，剩二，问物几何？

在原书本归在“大衍求一术”中，到了宋时，周密的书中有“鬼谷算”和“隔墙算”的名目，而杨辉又称为“剪管术”，在那时也有“秦王暗点兵”的俗名。

原书上，题目的下面有这样一段：

> 答曰：二十三。
>
> 术曰：三三数之剩二，置一百四十；五五数之剩三，置六十三；七七数之剩二，置三十。并之，得二百三十三，以二百一十减之，即得。
>
> 凡三三数之剩一，则置七十；五五数之剩一，则置二十一；七七数之剩一，则置一十五；一百六以上，以一百五减之，即得。

后一小段可以说是这类题的基本算法，而前一小段却是本问题的解答，用现在的式子写出来便是：

$$70\times2+21\times3+15\times2=140+63+30=233$$

$$233-105\times2=233-210=23$$

依照前面的说法，自然是士大夫气很重，也可以说是讲义体，一般人当然很难明白，但是到了周密的书中便有了诗歌形式的说明，那诗道：“三岁孩儿七十稀，五留廿一事尤奇。七度上元重相会，寒食清明便可知。”

这诗虽然容易记诵，但是意义不明，而且说得也欠周到。到了程大位，它就改了面目：“三人同行七十稀，五树梅花廿一枝。七子团圆月正半，除百零五便得知。”

这诗流传得非常广，所以如小商小贩也都知道，而我的哥哥所告诉我的秘诀，就是它。

是的，知道了它，这类的题目便可以机械地算了，将3除所得的余数去乘70，5除所得的余数去乘21，7除所得的余数去乘15，再把这三项乘积相加。

如所得的和比105小，那便是所求的答数；不然，则减去105的倍数，而得出比105小的数来。这里所要求的只是一个最小的答案，例如三三数之剩一，五五数之剩四，七七数之剩三，那么，运算的步骤便是：

$$70\times1+21\times4+15\times3=70+84+45=199$$

$$199-105=94$$

如果单就实用或游戏来说，熟记这秘诀已经够用了。但是就从数学的立场来说，这种知其然而不知其所以然的态度却没有多大价值。

即使熟悉了这个秘诀，所能应付的问题不过105个，因为只限于三三、五五、七七三种数法。我们要默记这105个答数并不是不可能，然而如果真的熟记这105个答数，那就无意义了。

所以我们第一要问，为什么这样就是对的？要说明其中的理由，我们先记起算术里面关于倍数的两个定理：

第一，某数的倍数的倍数，还是某数的倍数。这正如我的哥哥的哥哥还是我的哥哥一般。

第二，某数的若干倍数的和，还是某数的倍数。这正如我的几个哥哥坐在一起，他们仍然是我的哥哥一般。

依照这两个定理来检验上面的算法，设R_3表示用3除所得的余数，R_5和R_7相应地表示用5除和用7除所得的余数，那么：

（1）70是5和7的倍数，是3的倍数多1，所以用R_3去乘仍是5和7的倍数，是3的倍数多R_3。

（2）21是7和3和倍数，是5的倍数多1，所以用R_5去乘仍是7和3的倍数，是5的倍数多R_5。

（3）15是3和5的倍数，是7的倍数多1，所以用R_7去乘仍是3和5的倍数，是7的倍数多R_7。

因此这三项相加，对于3，是$70\times R_3+21\times R_5+15\times R_7=$3的倍数$+R_3+$3的倍数$+$3的倍数$=$3的倍数$+R_3$。

如果用3去除所得的余数正是R_3。对于5，是$70\times R_3+21\times R_5+15\times R_7=$5的倍数$+R_5+$5的倍数$+$5的倍数$=$5的倍数$+R_5$。

如果用5去除所得的余数正是R_5。对于7，是$70\times R_3+21\times R_5+15\times R_7=$7的倍数$+R_7+$7的倍数$+$7的倍数的$=$7倍数$+R_7$。

如果用7去除所得的余数正是R_7。

这就可以证明我们如法炮制出来的数是合题的。至于在比105大的时候，要减去它的倍数，使得数小于105，这是因为适合于题目的答数本来是无穷的，只得取最小的一个数作代表的缘故。105本是3、5、7的最小公倍数，在这最小的答数上加入它的倍数，这和除得的余数无关。

经过这样的证明，我们可以承认上面的算法是对的。但是这还不够，我们还要问：那70、21和15三个数含有怎样的性质呢？

70是5和7的公倍数，而21是7和3的最小公倍数，15是3和5的最小公倍数，为什么两个是最小公倍数而另外一个却只是公倍数呢？

这个问题并不难回答，因为21除以5，15除以7都恰好剩1，而5和7的最小公倍数35除以3剩的却是2，70除以3才剩1。

所以，这个解法的要点，是要求出三个数来，每一个都是三个除数中的两个的倍数，而同时是另一个除数的倍数多1，最小公倍数是碰巧的。

这样，就到了第三步，我们要问：合于这种条件的数怎么求出来呢？

这里且将清代黄宗宪所编的《求一术通解》里的方法摘抄在下面，我们来认识一下古代数学书的面目，也是一件趣事。

<table>
<tr><td>一行泛母
𝍢</td><td>析母
𝍢</td><td>定母
𝍢</td><td rowspan="3">衍母
𝍠〇𝍤</td><td>衍数
𝍢𝍭</td></tr>
<tr><td>二行泛母
𝍤</td><td>析母
𝍤</td><td>定母
𝍤</td><td>衍数
𝍡𝍩</td></tr>
<tr><td>三行泛母
𝍦</td><td>析母
𝍦</td><td>定母
𝍦</td><td>衍数
𝍠𝍭</td></tr>
</table>

“三位泛母都是数根，不可拆，即为定母。连乘，得一百零五为衍母。以一行三除之，得三十五为一行衍数；以二行定母五除之，得二十一为二行衍数；以三行定母七除之，得十五为三行衍数。”

这里所谓泛母，不用解释，便可明白。析母就是将泛母分成质因数。至于定母，便是各泛母所单独含有的质因数的积。

如果有一个质因数是两个以上的泛母所共有的，那么只是含这个质因数的个数最多的泛母用它；如果两个泛母所含这个质因数的个数相同，那么随便哪一个泛母用它都可以。

注意后面的另一个例子，衍母是各定母的连乘积，也就是各泛母的最小公倍数，衍数是用定母除衍母所得的商。

得了定母和衍数，就可以求乘率，所谓乘率，便是乘了衍数所得的积恰好等于泛母的倍数多1的数，而这个乘积称为用数。求乘率的方法，在《求一术通解》里面是这样说的：

> 列定母于右行，列衍数于左行（左角上预寄一数），辗转累减，至衍数余一为止，视左角上寄数为乘率。
>
> 按两数相减，必以少数为法（法是减数），多数为实（实是被减数）。其法上无寄数者，不论减若干次，减余数上仍以一为寄数（1）。其实上无寄数者，减作数上，以所减次数为寄数（2）。其法实上俱有寄数者，视累减若干次，以法上寄数亦累加若干次于实上寄数中（3），即得减余数上之寄数矣。

按照这个法则我们来求所要的各乘率。为了容易明白，我将原式的汉字改成了阿拉伯数字：

定母 3	3	1^{1}	
衍数 $^{1}35$	$^{1}2$	$^{1}2$	$^{2}1$

所以乘率是2。

定母 5	
衍数 $^{1}21$	$^{1}1$

所以乘率是1。

定母 7	
衍数 $^{1}15$	$^{1}1$

所以乘率是1。

依原书所说，是用累减法，但是累减便是除，为什么不老老实实地说除，而要说是累减呢？是因为最后衍数这一行要保留一个余数1，所以即使除得尽，也不许除尽。因此说除不如说累减更好。但是在此说明，还是用除更好些。我们就用除法来检查这个计算法。

如第一式，衍数35左角上的1，就是所谓预寄的一数，表示用一个衍数的意思。因为定母3比衍数35小，用3（法）去除35（实）得11剩2。按照（1）法上无寄数，仍以1为余数2的寄数，所以2的左角上写1。

接着以2（法）除3（实）得1（商）剩1。按照（2）实上无寄数，以所减次数（即商数）为余数的寄数，所以1的右角上还是1。

再用这1（法）去除2（实）本来是除得尽的，但是应当保留余数1，因此只能商1而剩1，按照（3）法实都有寄数，应当以商数1乘法数1的寄数1，加上实数2的寄数1得2，即为余数1的寄数，而它便是乘率。

第一次的余数2 $=35-3\times 11$

第二次的余数1 $=3-2\times 1=3-$ 第一次的余数 $\times 1=3-(35-3\times 11)\times 1$

第三次的余数1 $=2-1\times 1$

$=$ 第一次的余数 $-$ 第二次的余数 $\times 1$

$=35-3\times 11-[3-(35-3\times 11)\times 1]\times 1$

$=35-3\times 11-3\times 1+35\times 1-3\times 11\times 1\times 1$

$=35\times(1+1)-3\times(11+1+11)$

$=35\times\dot{2}-3\times 23$

就是$3\times 23=35\times 2-1$　　$\therefore \frac{35\times 2}{3}=23\cdots\cdots 1$

上式中“·”表示所求得的乘率，黑体字表示每次的寄数。你看这求法多么巧妙！

现在用代数的方法证明如下：设A为定母，B为衍母，a_0，a_1，$a_2\cdots\cdots a_n$为各次的寄数，r_0，r_1，$r_2\cdots\cdots r_n$为各次的余数，而r_n等于1，依上面的式子写出来便是：

定母 A	A	$r_1^{a_1}$	……	
衍数 ${}^{a_0}B$	${}^{a_0}r_0$	${}^{a_0}r_0$	……	${}^{a_n}r_n$（1）

而$r_0=B-t_0A$

$r_1=A-a_1r_0=A-a_1(B-t_0A)=A-a_1B+a_1t_0A$

$=t_1A-a_1B$　　　　$t_1=a_1t_0+1$

$r_2=r_0-q_2r_1=(B-t_0A)-q_2(t_1A-a_1B)=B-t_0A-q_2t_1A+q_2a_1B$

$=a_2B-t_2A$　　　　$t_2=q_2t_1+t_0$

$r_3=r_1-q_3r_2=(t_1A-a_1B)-q_3(a_2B-t_2A)$

$=t_3A-a_3B$　　　　$t_3=q_3t_2+t_1$

……

$\therefore r_n=a_nB-t_nA$　　　　$t_n=q_nt_{n-1}+t_{n-2}$

$a_n=q_na_{n-1}+a_{n-2}$

但是$r_n=1$　　$\therefore 1=a_nB-t_nA$

就是　　$a_nB=t_nA+l$

$\therefore \frac{a_nB}{A}=\frac{t_nA+1}{A}=t_n\cdots\cdots 1$

有了乘率，将它去乘衍数就得用数，上面已经证明了，所以在本例题中，3，5和7的用数相应地就是70（35×2），21（21×1）和15（15×1）。

杨辉的“剪管术”中，同样的题目有好几个，试取两个照样演算如下。

（1）七数剩一，八数剩二，九数剩三，问本数是多少？

①求衍数

泛母	析母	定母	衍母	衍数
7	7	7	504	72
8	8	8		63
9	9	9		56

②求乘率

定母 7	7	1^3	
衍数 $^1 72$	$^1 2$	$^1 2$	$^4 1$

所以乘率是4。

定母 8	8	1^1	
衍数 $^1 63$	$^1 7$	$^1 7$	$^7 1$

所以乘率是7。

定母 9	9	1^4	
衍数 $^1 56$	$^1 2$	$^1 2$	$^5 1$

所以乘率是5。

③求用数，就是将相应的乘率去乘衍数，所以7，8，9的用数相应地为288（72×4），441（63×7）和280（56×5）。

④求本数，就是将各除数所除得的剩余相应地乘各用数，而将这三个乘积加起来。如果所得的和比7、8、9的最小公倍数504大，就将504的倍数减去，也就是用这最小公倍数除

所得的和而求余数。

因而$288\times1+441\times2+280\times3=288+882+840=2010$

$2010\div504=3\cdots\cdots498$

所以498便是本数。

（2）二数余一，五数余二，七数余三，九数余四，求原数是多少？

①求衍数

泛母	析母	定母	衍母	衍数
2	2	2	630	315
5	5	5		126
7	7	7		90
9	9	9		70

②求乘率

定母 2	
衍数 $^{1}315$	$^{1}1$

所以乘率是1。

定母 5	
衍数 $^{1}126$	$^{1}1$

所以乘率是1。

定母 7	7	1^{1}	
衍数 $^{1}90$	$^{1}6$	$^{1}6$	$^{6}1$

所以乘率是6。

定母 9	9	2^{1}	
衍数 $^{1}70$	$^{1}7$	$^{1}7$	$^{4}1$

所以乘率是4。

③求用数

2的用数为$315\times1=315$，5的用数为$126\times1=126$，

7的用数为$90\times6=540$，9的用数为$70\times4=280$。

④求本数

$315\times1+126\times2+540\times3+280\times4=315+252+1620+1120=3307$

$3307\div630=5\cdots\cdots157$

所以原数是157。

再由《求一术通解》上取一个较复杂的例子，就更可以看明白这类题的算法了。

今有数不知总：以五累减之，无剩；以七百一十五累减之，剩一十；以二百四十七累减之，剩一百四十；以三百九十一累减之，剩二百四十五；以一百八十七累减之，剩一百零九，求总数是多少？

答：10020。

（1）求衍数

<table>
<tr><th>泛母</th><th>析母</th><th>定母</th><th>衍母</th><th>衍数</th></tr>
<tr><td>5</td><td>5</td><td>废位</td><td rowspan="5">531, 1735</td><td></td></tr>
<tr><td>715</td><td>5·×11·×13</td><td>55</td><td>9, 6577</td></tr>
<tr><td>247</td><td>13·×19·</td><td>247</td><td>2, 1505</td></tr>
<tr><td>391</td><td>17·×23·</td><td>391</td><td>1, 3585</td></tr>
<tr><td>187</td><td>11×17</td><td>废位</td><td></td></tr>
</table>

（2）求乘率

定母 55	55	3^{1}	
衍数 $^{1}9,6577$	$^{1}52$	$^{1}52$	$^{18}1$

所以乘率是18。

定母 247	247	7^{15}	7^{15}	1^{108}	
衍数 $^{1}2,1505$	$^{1}16$	$^{1}16$	$^{31}2$	$^{31}2$	$^{139}1$

所以乘率是139。

定母 391	391	100^{1}	100^{1}	9^{4}	
衍数 $^{1}1,3585$	$^{1}291$	$^{1}291$	$^{3}91$	$^{3}91$	$^{43}1$

所以乘率是43。

（3）求用数

715的用数为$96577\times18=1738386$

247的用数为$21505\times139=2989195$

391的用数为$13585\times43=584155$

（4）求总数

$1738386\times10+2989195\times140+584155\times245$

$=17383860+418487300+143117974$

$=578989135$

$578989135\div5311735=109\cdots\cdots10020$

这个计算所要注意的就是“废位”，第一行的析母5，第二行也有，第二行已用了（数旁记黑点表示采用的意思），所以第一行可废去。第五行的11和17，一个已用在第二行，一个已用在第四行，所以这一行也废去。

前面已经说过，两个泛母如果有相同的质因数而且所含的个数相同，无论哪个泛母采用都可以，因此上面求衍数的方法只是其中一种。

在《求一术通解》里，就附有左列每种采用法的表，比较起来，这一种实在是最简单的了。（表中的○表示废位）

析母	5	5×11×13	13×19	17×23	11×17	
定母	○	55	247	391	○	1
	○	715	19	391	○	2
	○	55	247	23	17	3
	○	715	19	23	17	4
	○	5	247	391	11	5
	○	65	19	391	11	6
	○	5	247	23	187	7
	○	65	19	23	187	8
	5	11	247	391	○	9
	5	143	19	391	○	10
	5	11	247	23	17	11
	5	143	19	23	17	12
	5	○	247	391	11	13
	5	13	19	391	11	14
	5	○	247	23	187	15
	5	13	19	23	187	16

由这几个例子，可以看出“韩信点兵”不限于三三，五五，七七地数。在古代数学上，《大衍求一术》还有不少应用，不过在这篇短文里就不一一讲解了。

到了这一步，我们可以问：“‘韩信点兵’这类问题在西方数学中怎样解决呢？”

要回答这个问题，你先要记起代数中联立方程式的解法来。不，首先要记起一般联立方程式所应具备的必要条件，即方程式的个数应当和它们所含未知数的个数相等。

所以，二元的要有两个方程式，三元的要有三个，倘使方程式的个数比它们所含未知数的个数少，那就不能得出一定的解答，因此，我们称它为无定方程式（*Indeterminations of a system of equation*）。

两个未知数而只有一个方程式，例如，

$$5x+10y=20$$

我们如果将y当作已知数看，依照解方程式的顺序来解便可，而且也只能得出下面的式子：

$$x=4-2y$$

在这个式子当中任意用一个数去代y，x都有一个相应的数值，如：

$y=0$， $x=4-2\times0=4$； $y=1$，$x=4-2\times1=2$；

$y=2$， $x=4-2\times2=0$； $y=3$，$x=4-2\times3=-2$；

$y=-1$，$x=4-2\times(-1)=6$ ……

y 的数值可以任意定，所以这方程式的根便是无定的。

又三个未知数，只有两个方程式，比如：

$x+y-3z=8$……（1）

$2x-5y+z=2$……（2）

依照解联立方程式的法则，从这两个方程式中可以随意先消去一个未知数。如果要消去z，就用3去乘（2），再和（1）相加，便得：

$6x-15y+3z+x+y-3z=6+8$

$7x-14y=14$

再移含有y的项到右边，并且全体用7去除，就得：

$x=2+y$

依照前例同样的理由，这方程式中y的值可以任意选用，y是无定的，所以x的值也就无定，x和y的值都不一定，z的值随着x，y的变化更是无定，如：

$y=1$，$x=4$ 代入（1）$z=-1$　　代入（2）$z=-1$；

$y=2$，$x=6$ 代入（1）$z=0$　　代入（2）$z=0$；

……

就这样推下去，联立方程式的个数只要比它们所含的未知数少，就得不出一定的解答来。

如此说来，不定方程式系不是一点用处都没有了吗？这个疑问自然是应当有的，不过有无用处实在难说。仔细考察起来，不定方程式虽然没有一定的解答，但是它却将所含的未知数间的关系加上了限制。

即如第一个例子，x和y的数值虽然无定，但是如果y等于0，x就只能等于4；如果y等于1，x就只能等于2。

再就第二个例子说，也有同样的情形，这种关系如果再得到别的条件来补充，那么，解答就不是漫无限制了，本来一个方程式也不过表示几个未知数在某种情形所具有的关系，也就只是一个条件。

我们就用“韩信点兵”的问题来举例吧。设三三数所数的次数为x，五五数所数的次数为y，七七数所数的次数为z，而原数为N，则：

$$N=3x+2=5y+3=7z+2.$$

$$\therefore 3x+2=5y+3 \quad (1) \quad 3x+2=7z+2 \quad (2)$$

这有三个未知数只有两个方程式，但是我们应当注意x，y，z都必须是正整数，这便是一个附带的条件。

由（1）得 $x=\frac{5y+1}{3}=y+\frac{2y+1}{3}$

因为x和y是正整数，所以$\frac{2y+1}{3}$虽然是一个分数的形式，也必须是整数，设它是α，那么

$$\frac{2y+1}{3}=\alpha \qquad \therefore 2y+1=3\alpha、y=\frac{3\alpha-1}{2}=\alpha+\frac{\alpha-1}{2}$$

因为y和α都是正整数，所以$\frac{\alpha-1}{2}$也是正整数，设它是β，则

$$\frac{\alpha-1}{2}=\beta \qquad \therefore \alpha-1=2\beta、\alpha=2\beta+1$$

$$\therefore y=\alpha+\beta=2\beta+1+\beta=3\beta+1,$$

$$x=y+\alpha=3\beta+1+2\beta+1=5\beta+2$$

而 $N=3x+2=3(5\beta+2)+2=15\beta+8.$

由（2）　$15\beta+8=7z+2$　　　$\therefore 7z=15\beta+6$，

$$\therefore z=\frac{15\beta+6}{7}=2\beta+\frac{\beta+6}{7}$$

因为z和β都是正整数，所以$\frac{\beta+6}{7}$也必须是整数，设它是γ，则

$$\frac{\beta+6}{7}=\gamma \qquad \therefore \beta+6=7\gamma、\beta=7\gamma-6$$

$$而z=2（7\gamma-6）+\frac{(7\gamma-6)+6}{7}=14\gamma-12+\gamma=15\gamma-12$$

$$N=7z+2=7（15\gamma-12）+2=105\gamma-82.$$

现在γ既然是整数，而且不能是负数。因为它如果是负数，N也便是负数，对于题目来说便没有意义了，所以γ至少是1，而

$$N=105-82=23$$

自然γ可以是2，3，4，5，6……而N相应便是128，233，338，443，548……因此N的值虽然无穷却有一个限制。

既说到代数的无定方程式，不妨顺着再说一点。

a．解方程式$3x+4y=22$，x和y的值限于正整数，先将含y的项移到右边，则得

$$3x=22-4y$$

$$\therefore x=\frac{22-4y}{3}=7-y+\frac{1-y}{3}$$

因为x和y都是正整数，而7本来是整数，所以$\frac{1-y}{3}$也应当是整数，设它等于α，则

$\frac{1-y}{3}=\alpha$，$1-y=3\alpha$

$\therefore y=1-3x\cdots\cdots$（1）

$x=7-(1-3\alpha)+\alpha=6+4\alpha\cdots\cdots$（2）

因为（1）中y既是正整数，α也是整数，所以α或是等于零或是负数，绝不能是正数。

因为（2）中x既是正整数，α也是整数，所以α应当是正数或是等于零，最小只能等于负1。

合看这两个条件，α只能等于零或负1，所以

$\alpha=0$，$x=6$，$y=1$；

$\alpha=-1$，$x=2$，$y=4$.

b．解方程式$5x-14y=11$，x和y的值限于正整数。

移项得$5x=11+14y$，

$$\therefore x=\frac{11+14y}{5}=2+2y+\frac{1+4y}{5}$$

因为x，y，2都是整数，所以$\frac{1+4y}{5}$也应当是整数，但是这里和前一个例子不同，不好直接设它等于α，因为如果$\frac{1+4y}{5}=\alpha$，则$1+4y=5\alpha$，$y=\frac{5\alpha-1}{4}$仍是一个分数的形式。

要避免这个困难，必要的条件是使原来分数的分子中y的系数为1。幸好这是可能的，不是吗？整数的倍数仍然是整数，我们不妨用一个适当的数去乘这分数，就是乘它的分子。

所谓适当，就是乘了以后，y的系数恰等于分母的倍数多1。这好像又要用到了前面所说的求乘率的方法了，实际还可以不必这么大动干戈。乘数总比分母小，由观察便可知道了。在本例中，则可用4去乘，便得

$$\frac{4+16y}{5}=3y+\frac{4+y}{5}$$

而$\frac{4+y}{5}$应当是整数，设它等于α，则

$$\frac{4+y}{5}=\alpha，4+y=5\alpha，y=5\alpha-4 \qquad （1）$$

$$\therefore x=\frac{11+14y}{5}=\frac{11+14(5\alpha-4)}{5}=\frac{70\alpha-45}{5}=14\alpha-9 \qquad （2）$$

这里和前例也有点不同，由（1）和（2）看来，α只要是正整数就可以，不必再有什么限制，所以：

$\alpha=1$，$x=5$，$y=1$；$\alpha=2$，$x=19$，$y=6$；
$\alpha=3$，$x=33$，$y=11$ ……

这样的答案是无穷的。

将老方法和现在我们所学的新方法比较一下，究竟哪一种更好一些呢？这虽然很难说，但是由此可以知道，一个问题的解法绝对不止一种。

当学习数学的时候，能够注意别人的算法以及自己另辟蹊径去走，都是有兴味和益处的。中学的“求一术”不但在中国数学史上占着很重要的地位，如果能发扬光大，还有不少问题可以研究。

［附注］一个数用三去除，有三种情形；一是剩0（就是除尽）；二是剩1；三是剩2。同样地，用五去除有五种情形：剩0，1，2，3，4；用七去除有七种情形：剩0，1，2，3，4，5，6。

从三除的三种情形中任取一种，和五除的五种情形中的任一种，以及七除的七种情形中的任一种配合，都能成一个“韩信点兵”的题目，所以总共有3×5×7=105个题。

而这105个题的最小答数，恰是从0到104。这105个数中，把它们排列起来可以得出下面的表：

R_3	R_5 / R_7	0	1	2	3	4
	0	0	21	42	63	84
	1	15	36	57	78	99
	2	30	51	72	93	9
0	3	45	66	87	3	24
	4	60	81	102	18	39
	5	75	96	12	33	54
	6	90	6	27	48	69
	0	70	91	7	28	49
	1	85	1	22	43	64
	2	100	16	37	58	79
1	3	10	31	52	73	94
	4	25	46	67	88	4
	5	40	61	82	103	19
	6	55	76	97	13	34
	0	35	56	77	98	14
	1	50	71	92	8	29
	2	65	86	2	23	44
2	3	80	101	17	38	59
	4	95	11	32	53	74
	5	5	26	47	68	89
	6	20	41	62	83	104

这个表的构造是这样的：

（1）R_3的一列的0，1，2表示三个三个地数的余数。

（2）R_7的一列的0，1，2，3，4，5，6表示七个七个地数的余数。

（3）R_5的一排的0，1，2，3，4表示五个五个地数的余数。

（4）中间的数便是105个相对应的答数。

所以如说三数剩二，五数剩三，七数剩二，答数就是二十三。如说三数剩一，五数剩二，七数剩四，答数便是六十七。

表中各数的排列，仔细观察，也很有趣：

（1）就三大行来说，同列同小行的数次第加70，超过105，则减去它。70正是泛母三的用数。

（2）就每个小行来说，次第加21，超过105，则减去它。21正是泛母五的用数。

（3）就每大行来中的各列来说，次第加15，超过105，则减去它。15正是泛母七的用数。

这个理由自然是略加思索就会明白的。

10 王老头子的汤圆

一

早年碰见一位幼时的邻居，我们谈了好多童年趣事，都是关于记忆中的故乡。最后不知为何，话头却转到死亡上去了，他很郑重地说："王老头子，卖汤圆的，已死去两年了。"

一个须发全白，精神饱满，笑容可掬的老头子的形象，顿时从心底浮到了心尖。他叫什么名字，我不知道，因为一直听别人叫他王老头子，没有人提起过他的名字。

从我自己会走到他的店里吃汤圆的时候起，他的头上就已顶着银发，嘴边堆着雪白的胡须，是一个十足的老头子。祖父曾经告诉我，王老头子在我们的那条街上开汤圆店已有二三十年了。

祖父和许多人都常说，王老头子很古怪，每天只卖一盘子汤圆，卖完就收店，喝包谷烧①，照例四两。

王老头子当天卖的汤圆，便是昨天夜里做的。记得，当我起得很早的时候，要是走到他的店门口，就可以看见他在生火。他的桌上有一只盘子，盘子里堆着雪白、细软的汤圆，有点像金字塔，在数学教科书上，那就是正方锥。

王老头子每天都做尖尖的一盘汤圆。他这一生做过多少汤圆呢？我想替他算一算。

---

① 一种白酒。

然而我不能计算，因为我不曾留意过那一盘汤圆从顶到底共有多少层。我现在只来说一说，假如知道了它的层数，这总数怎么计算，也可作为对王老头子的纪念。

二

这类题目的算法，在西方数学中叫做积弹（*Piles of Shot*）和拟形数（*Figurate munbers*），又叫拟形级数（*Figurate sreies*）。

中国叫垛积，旧数学中和它类似的算法，属于“少广”一类。最早见于朱世杰的《四元玉鉴》中茭草形段，如像招数和果垛叠藏各题，后来郭守敬、董祐诚、李善兰的著作中，把它讲得更详细。

积弹的计算法，已有一定的公式，因为堆积的方法不同，分为四类：如第一图各层是成正方形的；第二图各层是成正三角形的；第三图是成矩形的。但是这三种到顶上都是尖的。第四图各层都成矩形，而顶上是平的。用数学上的名字来说，第一图是正方锥；第二图是正三角锥；第三图侧面是等腰三角形，正面是等腰梯形；第四图侧面和正面都是等腰梯形。

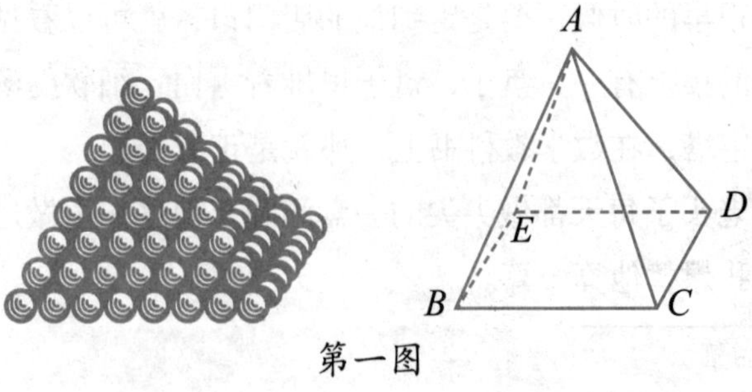

第一图

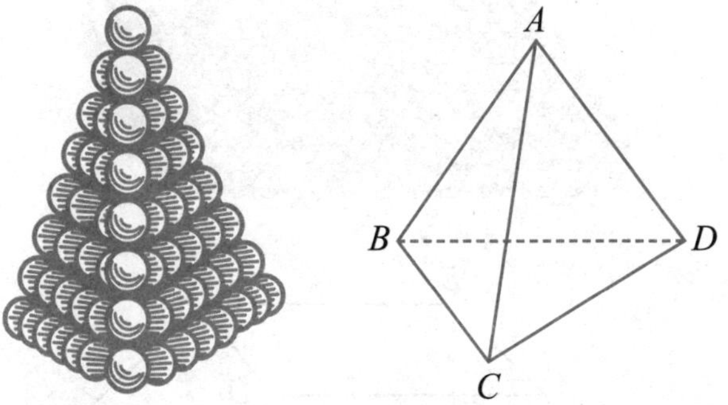

第二图

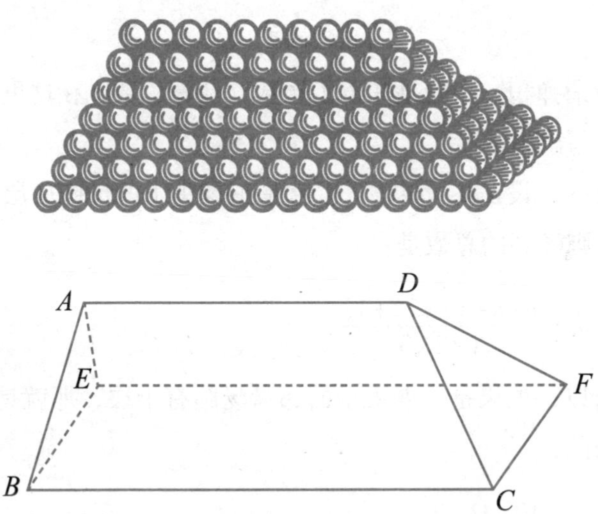

第三图

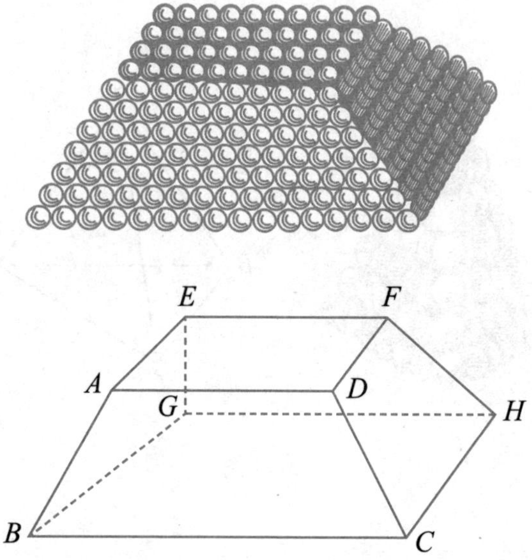

第四图

所谓弹积，一般是知道了层数，计算总数，在这里且先将各公式写出来。

第一，设n表示层数，也就是王老头子的汤圆底层每边的个数，则汤圆的总数是：

$$S_n=\frac{n(n+1)(2n+1)}{1\times2\times3}$$

所以，如果是王老头子的那盘汤圆有十层，那就是n等于10，因此，

$$S_n=\frac{10\times11\times21}{1\times2\times3}=385$$

第二，如果王老头子的汤圆是按照第二图的形式堆放的，那么

$$S_n=\frac{n(n+1)(n+2)}{1\times2\times3}$$

所以，他如果是也只堆十层，总数便是：

$$S_n=\frac{10\times11\times12}{1\times2\times3}=220$$

第三，这一种不但是和层数有关系，并且与顶上一层的个数也有关系，设顶上一层有p个，则

$$S_n=\frac{n(n+1)(3p+2n-2)}{1\times2\times3}$$

举个例子，如果第一层有五个，总共有十层，就是p等于5，n等于10，则

$$S_n=\frac{10\times11\times(3\times5+2\times10-2)}{1\times2\times3}=\frac{10\times11\times33}{1\times2\times3}=605$$

第四，自然这种和第一层的个数也有关系，而第一层既然也是矩形，它的个数就和这矩形的长、宽两边的个数有关。设顶上一层长边有a个，宽边有b个，则

$$S_n=\frac{n}{1\times2\times3}\times[6ab+3(a+b)(n-1)+(n-1)(2n-1)]$$

举个例子，如果第一层的长边有五个，宽边有三个，总共有十层，就是a等于5，b等于3，n等于10，则

$$S_n=\frac{10}{1\times2\times3}\times[6\times5\times3+3\times8\times9+9\times19]=795$$

不用说，已经有了公式，根据它计算出一个总数，是很容易的。不过，我们的问题是这公式是怎样得来的？要证明这公式，有三种方法。

三

首先我们说说数学的归纳法的证明。什么叫数学的归纳法，在堆罗汉中已经说过，这里要证明的第一个公式，也是那篇里已证明过的。所谓数学的归纳法，总共含有三个步骤：

（1）就几个特殊的数，发现一个共同的式子。

（2）假定这式子对于n是对的，而造出一个公式来。

（3）设n变成了$n+1$，看这式子的形式是否改变。如果不曾改变，那么，这式子就成立了。

由（2）已经知道这式子关于n是对的。而由（1）已知它关于几个特殊的数是对的，其实有一个就够了。

不过（1）只由一个特殊的数要发现较普遍的公式的形式比较困难，如果关于2是对的，关于2加1也是对的。2加1是3，关于3是对的，自然关于3加1等于4也是对的。这样一步一步地往上推，关于4加1等于5，5加1等于6，6加1等于7……就都对了。

以下就用这方法来证明上面的公式：

（1）$S_n=\dfrac{n(n+1)(2n+1)}{1\times2\times3}$

王老头子汤圆的堆法，各层都是正方形，顶上一层是一个，第二层每边是二个，第三层每边是三个，第四层每边是四个……这样到第n层，每边便是n个。

而正方形的面积，等于边长的平方。所以如果就各层的个数来说，王老头子每夜所做的汤圆便是：

$$S_n=1^2+2^2+3^2+4^2+\cdots\cdots+n^2$$

第一步我们容易知道：

$$1^2=\frac{1\times(1+1)\times(2\times1+1)}{1\times2\times3}=1$$

$$1^2+2^2=\frac{2\times(2+1)\times(2\times2+1)}{1\times2\times3}=5$$

$$1^2+2^2+3^2=\frac{3\times(3+1)\times(2\times3+1)}{1\times2\times3}=14$$

$$1^2+2^2+3^2+4^2=\frac{4\times(4+1)\times(2\times4+1)}{1\times2\times3}=30$$

第二步，我们就假定这式子关于n是对的，而得公式：

$$S_n=\frac{n(n+1)(2n+1)}{1\times2\times3}$$

这就到了第三步，这假定的公式对于$n+1$也对吗？我们在这假定的公式中，两边都加上$(n+1)^2$，这便是S_{n+1}，所以

$$S_{n+1}=S_n+(n+1)^2=\frac{n(n+1)(2n+1)}{1\times2\times3}+(n+1)^2$$

$$=\frac{n(n+1)(2n+1)+6(n+1)^2}{1\times2\times3}$$

$$=\frac{(n+1)[n(2n+1)+6(n+1)]}{1\times2\times3}$$

$$=\frac{(n+1)[2n^2+7n+6]}{1\times2\times3}$$

$$=\frac{(n+1)(n+2)(2n+3)}{1\times2\times3}$$

$$=\frac{(n+1)(\overline{n+1}+1)[2(\overline{n+1})+1]}{1\times2\times3}$$

这最后的形式和我们所假定的公式完全一样，所以我们的假定是对的。

（2）$S_n=\frac{n(n+1)(n+2)}{1\times2\times3}$

这公式是用于正三角锥形的，所谓正三角锥形，第一层是一个，第二层是一个加二个，第三层是一个加二个加三个，第四层是一个加二个加三个加四个……这样推下去到第 n 层便是：

$1+2+3+4+\cdots\cdots+n$

而总和便是：

$S_n=1+(1+2)+(1+2+3)+(1+2+3+4)+\cdots\cdots+(1+2+3+4+\cdots\cdots+n)$

第一步，我们找出

$$1=\frac{1\times(1+1)\times(1+2)}{1\times2\times3}=1$$

$$1+(1+2)=\frac{2\times(2+1)\times(2+2)}{1\times2\times3}=4$$

$$1+(1+2)+(1+2+3)=\frac{3\times(3+1)\times(3+2)}{1\times2\times3}=10$$

$$1+(1+2)+(1+2+3)+(1+2+3+4)=\frac{4\times(4+1)\times(4+2)}{1\times2\times3}=20$$

第二步，我们就假定这式子关于n是对的，而得公式：

$$S_n=\frac{n(n+1)(n+2)}{1\times2\times3}$$

第三步，证明这假定的公式对于$n+1$也是对的，就是在假定的公式中两边都加上$1+2+3+4+\cdots\cdots+n+\overline{n+1}$

$$S_{n+1}=S_n+(1+2+3+4+\cdots\cdots+n+\overline{n+1})$$

$$=\frac{n(n+1)(n+2)}{1\times2\times3}+(1+2+3+4+\cdots\cdots+n+\overline{n+1})$$

$$=\frac{n(n+1)(n+2)}{1\times2\times3}+\frac{(n+1)(\overline{n+1}+1)}{2}$$

$$=\frac{n(n+1)(n+2)}{1\times2\times3}+\frac{(n+1)(n+2)}{2}$$

$$=\frac{n(n+1)(n+2)+3(n+1)(n+2)}{1\times2\times3}$$

$$=\frac{(n+1)(n+2)(n+3)}{1\times2\times3}$$

$$=\frac{(n+1)(\overline{n+1}+1)(\overline{n+1}+2)}{1\times2\times3}$$

这最后的形式，不是和我们所假定的公式的形式一样吗？可见我们的假定是对的。

（3）$S_n=\frac{n(n+1)(3p+2n-2)}{1\times2\times3}$

第一步和前两个公式的证明，没有什么两样，我们不妨省事一点，将它略去，只来证明这公式对于$n+1$也是对的。这种堆法，第一层是p个，第二层是两个（$p+1$），第三层是三

个（$p+2$）……照这样推下去，第n层是n个（$p+\overline{n-1}$）。所以，

$$S_n=p+2(p+1)+3(p+2)+\cdots\cdots+n(p+\overline{n-1})$$

而$S_{n+1}=p+2(p+1)+3(p+2)+\cdots\cdots+(n+1)(p+n)$

假定上面的公式关于n是对的，则

$$S_{n+1}=S_n+(n+1)(p+n)$$

$$=\frac{n(n+1)(3p+2n-2)}{1\times2\times3}+(n+1)(p+n)$$

$$=\frac{n(n+1)(3p+2n-2)+6(n+1)(p+n)}{1\times2\times3}$$

$$=\frac{(n+1)[n(3p+2n-2)+6(p+n)]}{1\times2\times3}$$

$$=\frac{(n+1)[3np+6p+2n^2+4n)]}{1\times2\times3}$$

$$=\frac{(n+1)[3p(n+2)+2n(n+2)]}{1\times2\times3}$$

$$=\frac{(n+1)(n+2)(3p+2n)}{1\times2\times3}$$

$$=\frac{(n+1)(\overline{n+1}+1)[3p+2(\overline{n+1})-2]}{1\times2\times3}$$

不用说，这最后的形式，和我们假定的公式完全一样，我们所假定的公式便是对的。

(4) $S_n=\dfrac{n}{1\times2\times3}\times[6ab+3(a+b)(n-1)+(n-1)(2n-1)]$

我们也来假定它关于n是对的，而证明它关于$n+1$也是

对的。这种堆法，第一层是ab个，第二层是（$a+1$）（$b+1$）个，第三层是（$a+2$）（$b+2$）个……照这样推下去，第n层便是（$a+\overline{n-1}$）（$b+\overline{n-1}$）个，所以，

$$S_n=ab+(a+1)(b+1)+(a+2)(b+2)+\cdots\cdots+(a+\overline{n-1})(b+\overline{n-1})$$

而$S_{n+1}=ab+(a+1)(b+1)+(a+2)(b+2)+\cdots\cdots+(a+\overline{n-1})(b+\overline{n-1})+(a+n)(b+n)$

假定上面的公式对于n是对的，则

$$S_{n+1}=S_n+(a+n)(b+n)$$

$$=\frac{n}{1\times2\times3}\times[6ab+3(a+b)(n-1)+(n-1)(2n-1)]+(a+n)(b+n)$$

$$=\frac{n[6ab+3(a+b)(n-1)+(n-1)(2n-1)]+6(a+n)(b+n)}{1\times2\times3}$$

$$=\frac{[6nab+6ab]+[3n(a+b)(n-1)+6n(a+b)]+[n(n-1)(2n-1)+6n^2]}{1\times2\times3}$$

$$=\frac{6(n+1)ab+(a+b)(3n^2+3n)+n(2n^2+3n+1)}{1\times2\times3}$$

$$=\frac{6(n+1)ab+3n(n+1)(a+b)n+n(n+1)+(2n+1)}{1\times2\times3}$$

$$=\frac{(n+1)}{1\times2\times3}[6ab+3(a+b)n+n(2n+1)]$$

$$=\frac{n+1}{1\times2\times3}\{6ab+3(a+b)(\overline{n+1}-1)+(\overline{n+1}-1)[2(\overline{n+1})-1]\}$$

在形式上，这最后的结果和我们所假定的公式也没有什么分别，可知我们的假定一点不差。

四

用数学的归纳法，四个公式都证明了，按理说我们可以心满意足了。但是，仔细一想，这种证明法固然巧妙，却有一个大大的困难在里面。

这困难并不在从S_n证明S_{n+1}这第二、第三两步，而在第一步发现我们所要假定的S_n的公式的形式。假如别人不曾将这公式提出来，你要从一项、两项、三项、四项等等中，老老实实地相加而发现一般的形式，真是不容易。

因此，我们再说另外一种寻找这几个公式的方法，那就是分项加合法，这是一种知道了一个级数的一般项，而求这级数的n项的和的一般的方法。

什么叫级数、算术级数和几何级数。一串数，依次两个两个地有相同的一定的关系存在，这串数就叫级数。比如算术级数每两项的差是相同的、一定的；几何级数每两项的比是相同的、一定的。

什么叫级数的一般项？换句话说，就是一个级数的第n项。如果算术级数的第一项为a，公差为d，则一般项为$a+(n-1)d$；如果几何级数的第一项为a，公比为r，则一般项为ar^{n-1}。

回到上面讲的弹积法，每种都是一个级数，它们的一般项便是：①n^2；②$\frac{n(n+1)}{2}$或$\frac{1}{2}(n^2+n)$；③$n(p+\overline{n-1})$或$np+n^2-n$；④$(a+\overline{n-1})(b+\overline{n-1})$或$ab+(a+b)(n-1)+(n-1)^2$。

四个一般项除了①以外，其余三个都可认为是两项以上合成的。在一般项中设n为1，就得第一项；设n为2，就得第二项；设n为3，就得第三项……设n为什么数，就得第什么项。所以对于一个级数，如果能够知道它的一般项，我们要求什么项都可以算出来。

为了书写方便，我们来使用一个记号，例如

$$S_n=1+2+3+4+\cdots\cdots+n$$

我们就写成$\sum n$，读作Sigma n。$\sum$是一个希腊字母，相当于英文的S。S是英文Sum（和）的第一个字母，所以用$\sum$表示“和”的意思。而$\sum n$便表示从1起，顺着加2，加3，加4，……一直加到n的和。同样地，

$$\sum n(n+1)=1\cdot 2+2\cdot 3+3\cdot 4+4\cdot 5+\cdots\cdots+n(n+1)$$

$$\sum n^2=1^2+2^2+3^2+4^2+\cdots\cdots+n^2$$

记好这个符号的用法和上面所说过的各种一般项，就可得出下面的四个式子：

（1）$S_n=\sum n^2=1^2+2^2+3^2+4^2+\cdots\cdots+n^2$

（2）$S_n=\sum\frac{n(n+1)}{2}=\sum\frac{1}{2}(n^2+n)=\sum\frac{1}{2}n^2+\sum\frac{1}{2}n$

$$=\frac{1}{2}(1^2+2^2+3^2+\cdots\cdots+n^2)+\frac{1}{2}(1+2+3+4+\cdots\cdots+n)$$

（3）$S_n=\sum n(p+\overline{n-1})=\sum(np+n^2-n)=\sum np+\sum n^2-\sum n$

$$=(p+2p+3p+\cdots\cdots+np)+(1^2+2^2+3^2+\cdots\cdots+n^2)-(1+2+3+\cdots\cdots+n)$$

（4）$S_n=\sum(a+\overline{n-1})(b+\overline{n-1})$

$=\sum[ab+(a+b)(n-1)+(n-1)^2]$

$=nab+(a+b)[1+2+\cdots\cdots+\overline{n-1})(1^2+2^2+3^2+\cdots\cdots+\overline{(n-1)}^2]$

这样一来，我们可以明白，只要将（1）求出，以下的三个就容易了。关于（1）的求法运用数学的归纳法固然可以，即或不然，还可参照下面的方法计算。

我们知道：

$n^3=n^3$，　　　　$(n-1)^3=n^3-3n^2+3n-1$

$\therefore n^3-(n-1)^3=3n^2-3n+1$

同样地，$(n-1)^3-(n-2)^3=3(n-1)^2-3(n-1)+1$

$(n-2)^3-(n-3)^3=3(n-2)^2-3(n-2)+1$

……

$3^3-2^3=3\cdot3^2-3\cdot3+1$

$2^3-1^3=3\cdot2^2-3\cdot2+1$

$1^3-0^3=3\cdot1^2-3\cdot1+1$

如果将这 n 个式子左边和左边相加，右边和右边相加，便得

$n^3=3(1^2+2^2+3^2+\cdots\cdots+n^2)-3(1+2+3+\cdots\cdots+n)+(1+1+\cdots\cdots+1)$

$\because\ 1^2+2^2+3^2+\cdots\cdots+n^2=S_n$

$$1+2+3+\cdots\cdots+n=\frac{n(n+1)}{2}$$

$$1+1+1+1\cdots\cdots+1=n$$

$$n^3=3S_n-\frac{3n(n+1)}{2}+n$$

$$3S_n = n^3 + \frac{3n(n+1)}{2} - n$$

$$= \frac{2n^3 + 3n(n+1) - 2n}{2}$$

$$= \frac{n(2n^2 + 3n + 3 - 2)}{2} = \frac{n(2n^2 + 3n + 1)}{2}$$

$$= \frac{n(n+1)(2n+1)}{2}$$

$$\therefore S_n = \frac{n(n+1)(2n+1)}{1 \times 2 \times 3}$$

这个结果和前面求证过的一样，但是来路却比较清楚。利用它，(2)(3)(4)便很容易得出来。

（2）$S_n = \sum \frac{1}{2}n^2 + \sum \frac{1}{2}n$

$$= \frac{1}{2}(1^2 + 2^2 + 3^2 + \cdots\cdots + n^2) + \frac{1}{2}(1 + 2 + 3 + \cdots\cdots + n)$$

$$= \frac{1}{2} \cdot \frac{n(n+1)(2n+1)}{1 \times 2 \times 3} + \frac{1}{2} \cdot \frac{n(n+1)}{2}$$

$$= \frac{1}{2} \cdot \frac{n(n+1)(2n+1) + 3n(n+1)}{1 \times 2 \times 3}$$

$$= \frac{1}{2} \cdot \frac{n(n+1)(2n+1+3)}{1 \times 2 \times 3}$$

$$= \frac{1}{2} \cdot \frac{n(n+1)(2n+4)}{1 \times 2 \times 3} = \frac{n(n+1)(n+2)}{1 \times 2 \times 3}$$

$$(3)\ S_n=\sum np+\sum n^2-\sum n$$

$$=(1+2+3+\cdots\cdots+n)p+(1^2+2^2+3^2+\cdots\cdots+n^2)-(1+2+3+\cdots\cdots+n)$$

$$=\frac{n(n+1)p}{2}-\frac{n(n+1)}{2}+\frac{n(n+1)(2n+1)}{1\times2\times3}$$

$$=\frac{3n(n+1)(p-1)+n(n+1)(2n+1)}{1\times2\times3}$$

$$=\frac{n(n+1)(3p-3+2n+1)}{1\times2\times3}$$

$$=\frac{n(n+1)(3p+2n-2)}{1\times2\times3}$$

$$(4)\ S_n=nab+(a+b)(1+2+\cdots+\overline{n-1})[1^2+2^2+3^2+\cdots+\overline{(n-1)}^2]$$

$$=nab+\frac{(n-1)n(a+b)}{2}+\frac{(n-1)n[2(\overline{n-1})+1]}{1\times2\times3}$$

$$=\frac{1}{1\times2\times3}[6nab+3(n-1)n(a+b)+(n-1)n(2n-1)]$$

$$=\frac{n}{1\times2\times3}[6ab+3(a+b)(n-1)+(n-1)(\overline{2n-1})]$$

五

前面所述的这一种证明法，来得自然有根源，不像用数学的归纳法那样突兀。但是，还不能使我们满意，不是吗?

每个式子的分母都是1×2×3，就前面的证明看来，明明只应当是2×3，为什么要写成1×2×3呢？这一点，如果再用其他方法来寻求这些公式，那就可以恍然大悟了。

这一种方法可以叫做差级数法，所谓拟形级数，不过是差级数法的特别情形。

什么叫差级数？算术级数就是差级数中最简单的一种，例如1，3，5，7，9……这是一个算术级数，因为：

3-1=5-3=7-5=9-7=……=2

但是，王老头子汤圆的堆法，从顶上一层起，顺次是1，4，9，16，25……每两项的差是：

4-1=3，9-4=5，16-9=7，25-16=9……

这些差全不相等，所以不能算是算术级数，但是这些差3，5，7，9……的每两项的差却都是2。

再如第二种三角锥的堆法，从顶上起，各层的个数依次是1，3，6，10，15，各各两项的差是：

3-1=2，6-3=3，10-6=4，15-10=5……

这些差也全不相等，所以不是算术级数，不过它和前一种一样，这些差依次两个的差是相等的，都是1。

我们来另找个例子，如1^3，2^3，3^3，4^3，5^3，6^3……这些数的立方之后便是1，8，27，64，125，216……而后：

（1）

8-1=7, 27-8=19, 64-27=37, 125-64=61, 216-125=91……

（2）

19-7=12，37-19=18，61-37=24，91-61=30……

（3）

18-12=6，24-18=6，30-24=6……

这是到第三次的差才相等的。

再来举一个例子，如2，20，90，272，650，1332……

（1）

20-2=18，90-20=70，272-90=182，650-272=378，1332-650=682……

（2）

70-18=52，182-70=112，378-182=196，682-378=304……

（3）

112-52=60，196-112=84，304-196=108……

（4）

84-60=24，108-84=24……

这是到第四次的差才相等的。

像这些例子一样的一串数，依照上面的方法一次一次地减下去，终究有一次的差是相等的，这一串数就称为差级数，第一次的差相等的叫一次差级数，第二次的差相等的叫二次差级数，第三次的差相等的叫三次差级数，第四次的差相等的叫四次差级数……第r次的差相等的叫r次差级数。

算术级数就是一次差级数，王老头子的一盘汤圆，各层就是一个二次差级数。

所谓拟形数就是差级数中的特殊的一种，它们相等的差才是1。这是一件很有趣味的东西。

法国数学家布莱士·帕斯卡（*Blaise Pasca*1）在他1665年发表的《算术的三角论》（*Traitédu triangle arithmétique*）中，就记述了这种级数的作法，他作了一个三角形。

仔细玩赏一下这个三角形，非常丰富而有趣。它对于从左上向右下的这条对角线是对称的，所以横着一行一行地看，和竖着一列一列地看，全是一样。

1	1	1	1	1	1	1	1	1	1……
1	2	3	4	5	6	7	8	9……	
1	3	6	10	15	21	28	36……		
1	4	10	20	35	56	84……			
1	5	15	35	70	126……				
1	6	21	56	126……					
1	7	28	84……						
1	8	36……							
1	9……								
1……									

它的作法是：(1) 横、竖各写同数的1。(2) 将同列的上一数和同行的左一数相加，便得本数。即：

1+1=2，1+2=3，1+3=4…2+1=3，3+3=6…3+1=4、6+4=10…4+1=5，10+5=15…5+1=6，15+6=21…6+1=7，21+7=28…7+1=8，28+8=36…8+1=9…

由这个作法，我们很容易知道它所包含的意义。就列来说（自然行也一样），从左起，第一列是相等的差，第二列是一次差级数，每两项的差都是1。第三列是二次差级数，因为第一次的差就是第二列的各数。第四列是三次差级数，因为第一次的差就是第三列的各数，而第二次的差就是第二列的各数。同样地，第五列是四次差级数，第六列是五次差级数……

关于这个性质，布莱士·帕斯卡有过不少的研究，他曾用这个算术三角形讨论组合，又用它发现了许多关于概率的有趣味的问题。

王老头子的一盘汤圆，各层正好构成一个二次差级数。如果我们能够知道计算一般差级数的和的公式，岂不是占了大大的便宜了吗？

对，我们就来讲这个。让我们偷学布莱士·帕斯卡，作一个一般差级数的三角形。

差，英文是difference，就用d代替difference。还可以更别致一些，用一个相当于d的希腊字母Δ来代替。设差级数的一串数为u_1，u_2，u_3……第一次的差为Δu_1，Δu_2，Δu_3……第二次的差为$\Delta_2 u_1$，$\Delta_2 u_2$，$\Delta_2 u_3$……第三次的差为$\Delta_3 u_1$，$\Delta_3 u_2$，$\Delta_3 u_3$……这样一来就得到下面的三角形。

$$
\begin{array}{ccccccccccc}
u_1, & & u_2, & & u_3, & & u_4, & & u_5, & & u_6\cdots\cdots \\
& \Delta u_1, & & \Delta u_2, & & \Delta u_3, & & \Delta u_4, & & \Delta u_5\cdots\cdots & \\
& & \Delta_2 u_1, & & \Delta_2 u_2, & & \Delta_2 u_3, & & \Delta_2 u_4\cdots\cdots & & \\
& & & \Delta_3 u_1, & & \Delta_3 u_2, & & \Delta_3 u_3\cdots\cdots & & & \\
& & & & & \cdots\cdots & & & & &
\end{array}
$$

这个三角形的构成，实际上说，非常简单，下一行的数，总是它上一行的左右两个数的差，即：

$$\Delta u_1=u_2-u_1,\ \Delta u_2=u_3-u_2,\ \Delta u_3=u_4-u_3,\ \cdots\cdots$$

$$\Delta_2 u_1=\Delta u_2-\Delta u_1,\ \Delta_2 u_2=\Delta u_3-\Delta u_2,\ \Delta_2 u_3=\Delta u_4-\Delta u_3,\ \cdots\cdots$$

$$\Delta_3 u_1=\Delta_2 u_2-\Delta_2 u_1,\ \Delta_3 u_2=\Delta_2 u_3-\Delta_2 u_2,\ \Delta_3 u_3=\Delta_2 u_4-\Delta_2 u_3,\ \cdots\cdots$$

加法可以说是减法的还原，因此由上面的关系，便可得出：

$u_2=u_1+\Delta u_1$ （1）　　$\Delta u_2=\Delta u_1+\Delta_2 u_1$，$u_3=u_2+\Delta u_2$

$\therefore u_3=(u_1+\Delta u_1)+(\Delta u_1+\Delta_2 u_1)=u_1+2\Delta u_1+\Delta_2 u_1$ （2）

同样地，第二行当作第一行，第三行当作第二行，便可得：

$$\Delta u_3=\Delta u_1+2\Delta_2 u_1+\Delta_3 u_1$$

$$u_4=u_3+\Delta u_3=(u_1+2\Delta u_1+\Delta_2 u_1)+(\Delta u_1+2\Delta_2 u_1+\Delta_3 u_1)$$

$$=u_1+3\Delta u_1+3\Delta_2 u_1+\Delta_3 u_1 \quad (3)$$

把（1）（2）（3）三个式子一比较，右边各项的数系数是1，1；1，2，1；1，3，3，1，这恰好相当于二项式（$a+b$）$=a+b$，$(a+b)^2=a^2+2ab+b^2$，$(a+b)^3=a^3+3a^2b+3ab^2+b^3$，各展开式中各项的系数。

根据这个事实，依照数学的归纳法的步骤，我们不妨走进第二步，假定推到一般情形中，而得出：

$$u_{n+1}=u_1+n\Delta u_1+\frac{n(n-1)}{1\times2}\Delta_2 u_1+\cdots\cdots$$

$$+\frac{n(n-1)\cdots\cdots(n-r+1)}{1\times2\times3\times\cdots\cdots\times r}\Delta_r u_1+\cdots\cdots+\Delta_n u_1$$

照前面的样子，把第$n+1$行作第一行，第$n+2$行作第二行，便可得出：

$$\Delta u_{n+1}=\Delta u_1+n\Delta_2 u_1+\frac{n(n-1)}{1\times2}\Delta_3 u_1+\cdots\cdots$$

$$+\frac{n(n-1)\cdots\cdots(n-r+2)}{1\times2\times3\times\cdots\cdots\times(r-1)}\Delta_r u_1+\cdots\cdots+\Delta_{n+1} u_1$$

将这两个式子相加，很巧就得出：

$$u_{n+2}=u_{n+1}+\Delta u_{n+1}$$

$$=u_1+(n+1)\Delta u_1+\left[\frac{n(n-1)}{1\times2}+n\right]\Delta_2u_1+\cdots\cdots$$

$$+\left[\frac{n(n-1)\ldots\ldots(n-r+1)}{1\times2\times3\times\ldots\ldots\times r}+\frac{n(n-1)\ldots\ldots(n-r+2)}{1\times2\times3\times\ldots\ldots\times(r-1)}\right]\Delta_ru_1+\cdots\cdots+\Delta_{n+1}u_1$$

$$\because\ \frac{n(n-1)}{1\times2}+n=\frac{n(n-1)+2n}{1\times2}=\frac{n^2+n}{1\times2}=\frac{(n+1)n}{1\times2}$$

$$=\frac{(n+1)(\overline{n+1}-1)}{1\times2}$$

……

$$\frac{n(n-1)\cdots\cdots(n-r+1)}{1\times2\times3\times\cdots\cdots\times r}+\frac{n(n-1)\cdots\cdots(n-r+2)}{1\times2\times3\times\cdots\cdots\times(r-1)}$$

$$=\frac{n(n-1)\cdots(n-r+2)(n-r+1+r)}{1\times2\times3\times\cdots\cdots\times r}$$

$$=\frac{(n+1)n(n-1)\cdots(n-r+2)}{1\times2\times3\times\cdots\cdots\times r}$$

$$=\frac{(n+1)(\overline{n+1}-1)(\overline{n+1}-2)\cdots(\overline{n+1}+r+1)}{1\times2\times3\times\cdots\cdots\times r}$$

$$\therefore u_{n+2}=u_1+(n+1)\Delta u_1+\frac{(n+1)(\overline{n+1}-1)}{1\times2}\Delta_2u_1+\cdots\cdots$$

$$+\frac{(n+1)(\overline{n+1}-1)(\overline{n+1}-2)\cdots(\overline{n+1}-r+1)}{1\times2\times3\times\cdots\cdots\times r}\Delta_ru_1+\cdots+\Delta_{n+1}u_1$$

这不是已将数学归纳法的三步走完了吗？可见我们假定对于n的公式如果是对的，那么，它对于$n+1$也是对的。而事实上它对于1，2，3，4等都是对的，可见得它对于6，7，8……也是对的，所以推到一般情形中都是对的。

如果你还记得我们讲组合“棕榄谜”时所用的符号，那么就可将这公式写得更简明一点：

$$u_n = u_1 + C_{n-1}^{1}\Delta u_1 + C_{n-1}^{2}\Delta_2 u_1 + C_{n-1}^{3} + \Delta_3 u_1 + \cdots\cdots + \Delta_{n+1} u_1$$

这个式子所表示的是什么呢？它就是用差级数的第一项和各次差的第一项，表示出这差级数的一般项。

假如王老头子的一盘汤圆总共堆了十层，因为这差级数的第一项u_1是1，第一次差的第一项Δu_1是3，第二次差的第一项$\Delta_2 u_1$是2，第三次及以后的$\Delta_3 u_1$，$\Delta_4 u_1$都是0，所以第十层的汤圆的个数便是：

$$u_{10} = 1 + (10-1) \times 3 + \frac{(10-1)(10-2)}{1\times 2} \times 2 = 1 + 27 + 72 = 100$$

毋庸置疑，王老头子的那盘汤圆的第十层，正是每边十个的正方形，总共恰好一百个。

我们在前面差级数三角形的顶上加一串数$\upsilon_1, \upsilon_2, \upsilon_3 \cdots\cdots \upsilon_n, \upsilon_{n+1}$不过就是胡乱写些数，它们每两项的差，就是$u_1, u_2, u_3 \cdots\cdots u_n$。这样一来，它们便是$n+1$次差级数，而第一次的差为：

$$\upsilon_2 - \upsilon_1 = u_1,\ \upsilon_3 - \upsilon_2 = u_2,\ \upsilon_4 - \upsilon_3 = u_3 \cdots\cdots$$

$$\upsilon_n - \upsilon_{n-1} = u_{n-1},\ \upsilon_{n+1} - \upsilon_n = u_n$$

如果是我们将υ_{n+1}点缀得富丽堂皇些，不妨将它写成下面的样子：

$$\upsilon_{n+1}=\upsilon_{n+1}-\upsilon_n+\upsilon_n-\upsilon_{n-1}+\cdots\cdots+\upsilon_2-\upsilon_1+\upsilon_1$$
$$=(\upsilon_{n+1}-\upsilon_n)+(\upsilon_n-\upsilon_{n-1})+\cdots\cdots+(\upsilon_2-\upsilon_1)+\upsilon_1$$

假使编制这串数的时候，取巧一点，υ_1就用0，那么，便得：

$$\upsilon_{n+1}=(\upsilon_{n+1}-\upsilon_n)+(\upsilon_n-\upsilon_{n-1})+\cdots\cdots+(\upsilon_2-\upsilon_1)$$
$$=u_n+u_{n-1}+\cdots\cdots+u_1$$

所以如果用求一般项的公式来求υ_{n+1},得出来的便是$u_1+u_2+u_3+\cdots\cdots+u_n$的和。但是就公式来说，这个差级数中，

$\upsilon_1=0$，$\Delta\upsilon_1=u_1$，$\Delta_2\upsilon_1=\Delta u_1$，$\Delta_{n+1}\upsilon_1=\Delta_n u_1$

$\therefore\upsilon_{n+1}=0+C_n^1u_1+C_n^2\Delta u_1+\cdots\cdots+\Delta_n u_1$

这个戏法总算没有变差，由此我们就知道：

$$S_n=u_1+u_2+\cdots\cdots+u_n=C_n^1u_1+C_n^2\Delta u_1+\cdots\cdots+\Delta_n u_1.$$

假如依照算术级数的样子，用a代表第一项，d代表差，并且不用组合所用的符号C_n^r，那么n次差级数n项的和便是：

$$S_n=na+\frac{n(n-1)}{1\times2}d_1+\frac{n(n-1)(n-2)}{1\times2\times3}d_2$$
$$+\frac{n(n-1)(n-2)(n-3)}{1\times2\times3\times4}d_3+\cdots\cdots$$

有了这公式，我们回头去解答王老头子的那一盘汤圆，它是一个二次差级数，对于这公式来说：

$a=1$，　$d_1=3$，$d_2=2$，$d_3=d_4=\cdots\cdots=0$

$$\therefore S_n=n\times1+\frac{n(n-1)}{1\times2}\times3+\frac{n(n-1)(n-2)}{1\times2\times3}\times2$$

$$=n+\frac{3n(n-1)}{1\times2}+\frac{2n(n-1)(n-2)}{1\times2\times3}$$

$$=n\times\left[1+\frac{3(n-1)}{1\times2}+\frac{2(n-1)(n-2)}{1\times2\times3}\right]$$

$$=n\times\frac{6+9(n-1)+2(n-1)(n-2)}{1\times2\times3}$$

$$=n\times\frac{2n^2+3n+1}{1\times2\times3}$$

$$=\frac{n(n+1)(2n+1)}{1\times2\times3}$$

第二种三角锥的堆法，前面也已说过，仍是一个二次差级数，对于这个公式，$a=1$，$d_1=2$，$d_2=1$，$d_3=d_4=\cdots\cdots=0$

$$\therefore S_n=n\times1+\frac{n(n-1)}{1\times2}\times2+\frac{n(n-1)(n-2)}{1\times2\times3}\times1$$

$$=n+\frac{2n(n-1)}{1\times2}+\frac{n(n-1)(n-2)}{1\times2\times3}$$

$$=n\times\left[1+\frac{2(n-1)}{1\times2}+\frac{(n-1)(n-2)}{1\times2\times3}\right]$$

$$=n\times\frac{6+6(n-1)+(n-1)(n-2)}{1\times2\times3}$$

$$=n\times\frac{n^2+3n+2}{1\times2\times3}$$

$$=\frac{n(n+1)(n+2)}{1\times2\times3}$$

至于第三种堆法，它各层的个数及各次的差是：

$p, 2(p+1), 3(p+2), 4(p+3)\cdots\cdots$

$p+2, p+4, p+6\cdots\cdots$

$2, 2\cdots\cdots$

也是一个二次差级数，$u_1=p,\ d_1=p+2,\ d_2=2,\ d_3=d_4=\cdots\cdots=0$

$$\therefore S_n=np+\frac{n(n-1)}{1\times2}\times(p+2)+\frac{n(n-1)(n-2)}{1\times2\times3}\times2$$

$$=n\times\left[p+\frac{(n-1)(p+2)}{1\times2}+\frac{2(n-1)(n-2)}{1\times2\times3}\right]$$

$$=n\times\frac{6p+3(n-1)(p+2)+2(n-1)(n-2)}{1\times2\times3}$$

$$=n\times\frac{2n^2-2+3np+3p}{1\times2\times3}$$

$$=n\times\frac{(n+1)(2n-2)+(n+1)3p}{1\times2\times3}$$

$$=\frac{n(n+1)(3p+2n-2)}{1\times2\times3}$$

最后，再把这个公式运用到第四种堆法，它的每层的个数以及各次的差是这样的：

$ab, (a+1)(b+1), (a+2)(b+2), (a+3)(b+3)\cdots\cdots$

$(a+b)+1, (a+b)+3, (a+b)+5\cdots\cdots$

$2, 2\cdots\cdots$

所以也是一个二次差级数，就公式来说，$a=ab$，$d_1=$

$(a+b)+1$，$d_2=2$，$d_3=d_4=\cdots\cdots=0$

$$\therefore S_n=nab+\frac{n(n-1)}{1\times2}[(a+b)+1]+\frac{n(n-1)(n-2)}{1\times2\times3}\times2$$

$$=n\times\left\{ab+\frac{(n-1)[(a+b)+1]}{1\times2}+\frac{2(n-1)(n-2)}{1\times2\times3}\right\}$$

$$=n\times\frac{6ab+3(n-1)(a+b)+3(n-1)+2(n-1)(n-2)}{1\times2\times3}$$

$$=\frac{n}{1\times2\times3}\times\left[6ab+3(a+b)(n-1)+2n^2-3n+1\right]$$

$$=\frac{n}{1\times2\times3}\times\left[6ab+3(a+b)(n-1)+(n-1)(2n-1)\right]$$

用差级数的一般求和公式，将我们开头提出的四个公式都证明了。这种证明真可以算是无懈可击，就连最后分母中那事实上无关痛痒的1×2×3中的1，也给了它一个详细说明。

这种证明方法，不只有这一点点的好处，由上面的过程看来，我们所提出的四个公式，全都是差级数求和公式的运用。因此只要我们彻底地理解它，这四个公式就不值一顾了。

六

上面我们只提到四种堆法，但是已经运用了许多法宝，才达到心安理得的地步。然而在朱老先生的著作《四元玉鉴》中，“菱草形段”只有七题，“如像招数”只有五题，“果垛叠藏”虽然多一些，也只有二十题，总共不过三十二题。

他所提出的堆垛法有些名词却很别致，现在列举在下面，至于各种求和的公式，那当然可以照葫芦画瓢地证明了。

（1）落一形，就是：三角锥形。

（2）刍甍垛，就是：前面第三种堆法。

（3）刍童垛，就是：矩形截锥台。

（4）撒星形，三角落一形，就是：1，(1+3)，(1+3+6)，……，$\left[1+3+6+\ldots+\frac{n(n+1)}{2}\right]$

$$S_n=\frac{1}{24}n(n+1)(n+2)(n+3)$$

（5）四角落一形，就是：1^2，(1^2+2^2)，$(1^2+2^2+3^2)$，……，$(1^2+2^2+\cdots+n^2)$

$$S_n=\frac{1}{12}n(n+1)^2(n+2)$$

（6）岚峰形，就是：1，(1+5)，(1+5+12)…$\left[1+5+12+\ldots+\frac{n(3n-1)}{2}\right]$

$$S_n=\frac{1}{24}n(n+1)(n+2)(3n+1)$$

（7）三角岚峰形，岚峰更落一形，就是：$1\cdot1$、$2\cdot(1+3)$，$3\cdot(1+3+6)$，…，$n\left[1+3+6+\ldots+\frac{n(n+1)}{2}\right]$

$$S_n=\frac{1}{120}n(n+1)(n+2)(n+3)(4n+1)$$

（8）四角岚峰形，就是：$1\cdot1^2$，$2\cdot(1^2+2^2)$，

$3\cdot(1^2+2^2+3^2)$, ……, $n(1^2+2^2+3^2+\cdots+n^2)$

$$S_n=\frac{1}{120}n(n+1)(n+2)(8n^2+11n+1)$$

（9）撒星更落一形，就是：1, (1+4), (1+4+10)，……,

$$\left[1+4+10+\ldots+\frac{n(n+1)(n+2)}{6}\right]$$

$$S_n=\frac{1}{120}n(n+1)(n+2)(n+3)(n+4)$$

（10）三角撒星更落一形, 就是: 1, (1+5), (1+5+15), ……,

$$\left[1+5+15+\ldots+\frac{n(n+1)(n+2)(n+4)}{24}\right]$$

$$S_n=\frac{1}{720}n(n+1)(n+2)(n+3)(n+4)(n+5).$$

11 假如我们有十二根手指

一

记得早年，上海风行过一种画报，这画报上每期刊载一页“马浪荡改行”。

马浪荡是一个自由浪荡之人，在上海滩什么行业他都做过，一种行业失败了，就换另一种行业来做。

有一次，他去做拍卖行的伙计。有一天来了一位买客，每只手有六根指头，伸着两手表示他出十块钱买某件东西。马浪荡见到十二根指头，便以为他说的是十二块，高高兴兴地卖了，记下账来。

到收钱的时候，那人只出十块，老板照账硬要十二块，争执得无可了结，最后便叫马浪荡赔两块算是了事。于是，马浪荡又一次失败了。

我常常会想起这个故事，因为我常常见到大家伸起手指头表示他们所说的数，一根指头表示一，两根指头表示二，三根指头表示三……这非常自然。

两只手有十根指头，便用它们来表示十，我们都只知道“一而十、十而百、百而千、千而万……”满了十就进一位，我们觉得只有这“十进法”最便利。其实这完全是喜欢利用十根手指头反而受了它们束缚的缘故。

我们且先来探索一下记数法的情形，然后再看假如我们有十二根手指头，用了十二进位法，数的世界和数学的世界将有怎样的不同。

我一再说假如我们有十二根手指头，用十二进位法，所以要如此。因为没有十二根手指头，就不会使用十二进位法。人只是客观世界的反射镜，不能离开客观世界产生什么文明。

远古混沌未开，黑漆一团的时代，无所谓数，“一”虽然是数的老祖宗，但是如果它无嗣而终，数的世界是无法成立的。数的世界的展开至少要有“二”。假如我们的手和马蹄一样，伸出来只能表示“二”，我们当然只能利用二进法记数。

但是二进法记数，实在有点滑稽。第一，我们既只能知道二，记起数来就不能有三位；第二，在个位满二就得记成上一位的一。这么一来，我们除了写一个“1”来记一，一个“1”后面跟上一个零来记“二”，并排写个“1”来记“三”，再没有什么能力了，数的世界不是仍然很简单吗？

如果是我们还知道“三”，自然可以用三进法而且用三位记数，那我们可记的数便有二十六个：

1…一

2…二

10…三

11…四

12…五

20…六

21…七

22…八

100…九

101…十

102…十一

110…十二

111…十三

112…十四

120…十五

121…十六

122…十七

200…十八

201…十九

202…二十

210…二十一

211…二十二

212…二十三

220…二十四

221…二十五

222…二十六

由三而四，用四进法，四位数，我们可记的数，便有二百五十五个，数的世界便比较繁荣了。但是事实上，我们并不曾找到过用二进法、三进法或四进法记数的事例。

这个理由自然容易说明，数是抽象的，实际运用的时候，需要具体的东西来表达，然而无论“近取诸身，远取诸物”，不多不少恰好可以表示，而且易于取用的东西实在没有。

我们对于数的辨认从附属在自家身上的东西开始，当然更是轻而易举。于是，我们首先就会注意到手。一只手有五根指头，五进法便应运而生了。

既然知道用一只手的五根指头表示数，因而产生五进记数法，进一步产生十进记数法，大概不会碰到什么艰难困苦的。

既然可以用十根手指头表示数，因而产生十进法，两只脚也有十根指头，为什么不会手脚并用而产生二十进法呢?

二十进法是有的，现在在热带生活的人们，就有这种办法，这种办法只存在于热带，很显然是因为那里的人赤着脚的缘故。像我们终年穿着袜子的人，使用脚指头自然不方便了。这就是十进记数法能够征服我们的缘故。

二十进法，不但现在热带地区可以找到，从各国的数字中也可以得到很好的证明。如法国人，二十叫vingt；八十叫quatre-vingts，便是四个二十；而九十叫quatre-vingt-dix，便是四个二十加十，这都是现在通用的。

至于古代，还有six-vingts，六个二十叫一百二十；quinze-vingts，十五个二十叫三百。这些都是二十进法的遗迹。

又如意大利的数字，二十叫venti，这和三十trenta、四十qnaranta、五十cinquanta也有着显然的区别：第一，三十、四十、五十等都是从三tre、四quattro、五cinque等来的，而二十却与二due无关系；第二，三十、四十、五十等的收声都是ta，而二十的收声却是*ti*。由这些比较也可以看出在意大利也有二十进法的痕迹。

五进法、十进法、二十进法都可用指头来说明它们的起源，但是我们现在还使用的数中，却有一种十二进法，不能同等看待。

铅笔一打是十二支，肥皂一打是十二块，货币的一先令有十二便士，乃至于一年有十二个月，一日是十二时（各国虽然用二十四小时，但是钟表上还只用十二），这些都是实际上用到的。

再将各国的数字构造比较一下，更可以显然地看出有十二进法的痕迹。且先将英、法、德、意四国从一到十九抄在下面：

英：one，two，three，four，five，six，seven，eight，nine，ten，eleven，twelve，thirteen，fourteen，fifteen，sixteen，seventeen，eighteen，nineteen.

法：un，deux，trios，quatre，cinq，six，sept，huit，neuf，dix，onze，douze，treize，quatorze，quinze，seize，dix-sept，dix-huit，dix-neuf.

德：eins，zwei，drei，vier，fünf，sechs，sieben，acht，neun，zehn，elf，zwölf，dreizehn，vierzehn，fünfzehn，sechzehn，siebzehn，achtzehn，neunzehn.

意：uno，due，tre，quattro，cinque，sei，sette，otto，nove，dieci，undici，dodici，tredici，quattordici，quindici，sedici，diciassette，diciotto，diciannove.

将这四国的数字比较一下，可以看出几个事实：

第一，在英文中一到十二，这十二个数字是独立的，十三以后才有一个划一的构成法，但是这构成法和二十以后的数不同。

第二，在法文中，从一到十，这十个数字是独立的。十一到十六是一种构成法，十七以后又是一种构成法，这构成法却和二十以后的数相同。

第三，德文和英文一样。

第四，意文和法文一样。

就语言的系统来说，法、意原来同属于意大利系，英、德同属于日耳曼系，渊源本不相同。语言原可说是生活的产物，由此可看出欧洲人古代所用的记数法有很大的差别。如果再将其他国家的数字来比较一下，我想一定还可以发现这几种进位法的痕迹。

所以，如果我们有十二根手指头，采用十二进法一定是必然的。就已有的习惯看来，十进法已统一了“文明人”的世界，然而十二进法还可以立足，一定有它非存在不可的原因。这原因是什么?

依我的假想是从天文上来的，而且和圆周的分割有关系。法国大革命后改用米制①，所有度量衡，乃至于圆弧都改用十进法。但是度量衡法，虽然经各国采用，认为极符合胃口，而圆弧法却是敌不过含有十二进位的六十分法。这就可以看出十二进法有存在的必要。

天文在人类文化中出现很早，这是因为在自然界中昼夜、寒暑的变化，最使人类惊异，又和人类的生活关系最为密

① 这种制度是十进位制，完全以“米”为基础，因此得名为“米制”。

切的。所以假如我们有十二根手指头，采用十二进法记数，那一定没有十进法记数立足的余地。

二

如果我们用了十二进法记数，数的世界将变成一个怎样的局面呢？

先来考察一下我们已用惯了的十进记数法是怎样一回事，为了方便，我们分成整数和小数两项来说。

例如：三千五百六十四，它的构成是这样的：

$$3564=3000+500+60+4$$
$$=3\times1000+5\times100+6\times10+4$$
$$=3\times10^3+5\times10^2+6\times10+4$$

用a_1，a_2，a_3，a_4……来表示基本数字，进位的标准数（这里就是十），我们叫它是底数，用r表示。由这个例子可知一般的数的记法便是：

一位：$a_1, a_2, a_3\cdots\cdots$

二位：$a_1r+a_1, a_1r+a_2\cdots\cdots a_2r+a_1, a_3r+a_2\cdots\cdots$

三位：$a_1r^2+a_1r^2+a_1$，$a_2r^2+a_2r+a_1$，$a_3r^2+a_2r+a_3\cdots\cdots$

四位：$a_1r^2+a_1r^2+a_1r+a_1$，$a_2r^3+a_1r^2+a_1r+a_2\cdots\cdots$

$a_1r^3+a_2r^2+a_3r+a_4$，$a_1r^3+a_2r^2+a_3r+a_2\cdots\cdots$

在这里有一点虽然很容易明白，但是却需注意，这就是数字a_1，a_2，a_3……的个数，连0算进去应当和r相等，所以有效数字的个数比r少一。在十进法中便只有1，2，3，4，5，6，7，8，9九个；在十二进法中便有1，2，3，4，5，6，7，8，9，t（10），e（11）十一个。

为了易于和十进法的十、百、千区别，即用什、佰、仟来表示十二进法的位次，那么，在十二进法：

$$7e8t=7\times 12^3+e\times 12^2+8\times 12+t$$

我们读起便是七仟“依”（e）佰八什“梯”（t）。

再来看小数，在十进法中，如$\frac{254}{1000}$，便是：

$$\begin{aligned}0.254&=0.2+0.05+0.004\\&=\frac{2}{10}+\frac{5}{100}+\frac{4}{1000}\\&=2\times\frac{1}{10}+5\times\frac{1}{10^2}+4\times\frac{1}{10^3}\end{aligned}$$

同样的道理，在十二进法中，那就是：

$$\begin{aligned}0.5te&=0.5+0.0t+0.00e\\&=5\times\frac{1}{12}+t\times\frac{1}{12^2}+e\times\frac{1}{12^3}\end{aligned}$$

我们读起来便是仟分之五佰“梯”什“依”。

总而言之，在十进法中，上位是下位的10倍。在十二进法中，上位就是下位的12倍。推到一般情形中去，在r进法中，上位便是下位的r倍。

假如我们用十二进法来代替十进法，数上有什么不同呢？其实相差很小，第一，不过多两个数字e和t；第二，有些数记起来简单一些。

有没有什么方法将十进法的数改成十二进法呢？不用

说，自然是有的。不但有，而且很简便。

例如：十进法的一万四千五百二十九要改成十二进法，只需这样做就成了。

$$
\begin{array}{r|l}
12 & 14529 \\
12 & 1210 \cdots\cdots 9 \\
12 & 100 \cdots\cdots 10 \\
 & 8 \cdots\cdots 4
\end{array}
$$

$$
\begin{aligned}
\therefore 14529 &= 1210\times 12+9\\
&=(100\times 12+10)\times 12+9\\
&=100\times 12^2+10\times 12+9\\
&=(8\times 12+4)\times 12^2+10\times 12+9\\
&=8\times 12^3+4\times 12^2+10\times 12+9
\end{aligned}
$$

按照前面说过的用t表示10，那么便得：

十进法的14529＝十二进法的84t9

读起来是八仟四佰“梯”什九，原来是五位，这里却只有四位，所以说有些数用十二进法记数比用十进法简单。

反过来要将十二进法的数改成十进法的，会怎样呢？这有两种办法：一是和上面一样用t去连除：二是用十二去连乘。

不过对于那些用惯了十进法的人来说，第一种方法就不太方便。例如要把七仟二佰一什五改成十进法，计算如下：

$$
\begin{aligned}
7215 &= 7\times 12^3+2\times 12^2+1\times 12+5\\
&=(7\times 12^2+2\times 12+1)\times 12+5\\
&=[(7\times 12+2)\times 12+1]\times 12+5\\
&=[(84+2)\times 12+1]\times 12+5\\
&=[86\times 12+1]\times 12+5\\
&=1033\times 12+5\\
&=12041
\end{aligned}
$$

$$
\begin{array}{r}
7215 \\
\times \quad 12 \\
\hline
84 \\
+ \quad\ 2 \\
\hline
86 \\
\times \quad 12 \\
\hline
1032 \\
+ \quad\ 1 \\
\hline
1033 \\
\times \quad 12 \\
\hline
12396 \\
+ \quad\ 5 \\
\hline
12401
\end{array}
$$

上面的方法，虽然只是一个例子，但是计算的原理已经很明白了，如果要给它一个一般的证明，这也很容易。

设在r_1进位法中有一个数是N，要将它改成r_2进位法，又设用r_2进位法，各位的数字是a_0，a_1，a_2……a_{n-1}，a_n，则：

$$N = a_n r_2^n + a_{n-1} r_2^{n-1} + \ldots\ldots + a_2 r_2^2 + a_1 r_2 + a_0$$

这个式子的两边都用r_2去除，所剩的数当然是相等的。在这个式子的右边除了最后一项，各项都有r_2这个因数，所以用r_2去除所得的剩余便是a_0，而商是$a_n r_2^{n-1} + a_{n-1} r_2^{n-2} + \ldots\ldots + a_2 r_2 + a_1$。再用$r_2$去除这个商，所剩的便是$a_1$，而商是$a_n r_2^{n-2} + a_{n-1} r_2^{n-3} + \ldots\ldots + a_2$。又用$r_2$去除这个商，所剩的便是$a_2$，而商是$a_n r_2^{n-3} + a_{n-1} r_2^{n-3} + \ldots\ldots + a_3$。照样做下去到剩$a_n$为止，于是就得：

r_1进位法的$N=r_2$进位法的$a_na_{n-1}\cdots\cdots a_3a_2a_1a_0$

三

如果我们一直是用十二进位法记数的，在数学的世界里将有什么变化呢？不客气地说，毫无两样，因为数学虽然是从数出发，但是和记数的方法却很少有关联。

算理是没有两样的，只是在数的实际计算上有点出入。最显而易见的就是加法和乘法的进位以及减法和除法的退位。自然像加法和乘法的九九表便应当叫“依依”表，也就有点不同了。例如：（34e2-t78）×143

（1）
$$\begin{array}{r} 24e2 \\ -\quad t78 \\ \hline 1636 \end{array}$$

（2）
$$\begin{array}{r} 1636 \\ \times\quad 143 \\ \hline 46t6 \\ 6120 \\ +\quad 1636 \\ \hline 2092t6 \end{array}$$

上面的算法（1）是减，个位2减8，不够，从什位退1下来，因为上位的1是等于下位的12，所以总共是14，减去8，就剩6。什位的e（11）退去1剩t（10），减去7剩7。佰位的4减去t，不够，从仟位退1成16，减去t（10）便剩6。

（2）先是分位乘，3乘6得18，等于12加6，所以进1剩6。接着3乘3得9，加上进位的1得t……再用4乘6得24，恰是2个

12，所以进2剩0。其次4乘3得12，恰好进1，而本位只剩下进来的2……三位都乘了以后再来加。末两位和平常的加法完全一样，第三位6加2加6得14，等于12加2，所以进1剩2。

再来看除法，就用前面将十二进法改成十进法的例子。

$$\begin{array}{r} 874 \\ t\overline{)7215} \\ 68 \\ \hline 61 \\ 5t \\ \hline 35 \\ 34 \\ \hline 1 \end{array} \qquad \begin{array}{r} t4 \\ t\overline{)874} \\ 84 \\ \hline 34 \\ 34 \\ \hline 0 \end{array} \qquad \begin{array}{r} 10 \\ t\overline{)t4} \\ t \\ \hline 4 \end{array} \qquad \begin{array}{r} 1 \\ t\overline{)10} \\ t \\ \hline 2 \end{array}$$

这计算的结果和上面一样，也是12401。至于计算的方法：在第一式t（10）除72商8，8乘t得80，等于6个12加8，所以从72中减去68而剩6。其次t除61商7，7乘t得70，等于5个12加10，所以从61减去5t剩3。再次t除35商4，4乘t得40，等于3个12加4，所以从35中减去34剩1。

应当注意一点：第二、第三、第四式和第一式的算法完全相同，不过第四式的被除数10是一什，在十进法中应当是12。

按照这除法的例子看，十二进法好像比十进法麻烦得多。那是因为你已经习惯了十进法，对于十二进法，还是初次相逢。

其实你如果从小就只懂得十二进法，你所记的自然是“依依”乘法表，而不是九九乘法表。你算起来“梯”除七什二，自然会商八，八乘“梯”自然只得六什八，你不相信吗？就请你看十二进法的“依依”乘法表。

看这个表的时候，应当注意1，2，3……9和九九乘法表一样的，10，20，30……却是一什（12），二什（24），三什（36）。

如果和九九乘法表对照着看，你可以发现表中的许多关系全是一样的。举两个例子来说：第一，从左上到右下这条对角线上的数是平方数；第二，最后一排第一位次第少1。

	1	2	3	4	5	6	7	8	9	*t*	*e*
1	1	2	3	4	5	6	7	8	9	*t*	*e*
2	2	4	6	8	*t*	10	12	14	16	18	1*t*
3	3	6	9	10	13	16	19	20	23	26	29
4	4	8	10	14	18	20	24	28	30	34	38
5	5	*t*	13	18	21	26	2*e*	34	39	42	47
6	6	10	16	20	26	30	36	40	46	50	56
7	7	12	19	24	2*e*	36	41	48	53	5*t*	65
8	8	14	20	28	34	40	48	54	60	68	74
9	9	16	23	30	39	46	53	60	69	76	83
t	*t*	18	26	34	42	50	5*t*	68	76	84	92
e	*e*	1*t*	29	38	47	56	65	74	83	92	*t*1

在九九乘法表中：9、8、7、6、5、4、3、2、1第二位次第多1。在九九乘法表是：0、1、2、3、4、5、6、7、8，还有每个数两位的和全是比进位的底数少1，在“依依”表是“依”，在九九表是“九”。

在数学的世界中除了这些不同，还有什么差异吗？要搜寻起来自然是有的。

第一，四则运算题中的数字计算问题。

第二，整数的性质中的倍数的性质。

这两种的基础原是建立在记数的进位法上面，当然有些面目不同，但是也不过面目不同而已。且举几个例子，来结束这一篇。

（1）四则运算数字计算问题：例如“有二位数，个位数字同十位数字的和是6，如果从这数中减18，所得的数恰是把原数的个位数字同十位数字对调成的，求原数”。

解答这一种题目的基本原理有两个：

①两位数和它的两数字对调后所成的数的和，等于它的两数字和的11倍。如83加38得121，便是它的两数字8同3的和11的11倍。

②两位数和它的两数字对调后所成的数的差，等于它的两数字差的9倍。如83减去38得45，便是它的两数字8同3的差5的9倍。

运用第二个原理到上面所举的例题中，因为从原数中减十八所得的数恰是把原数的个位数字同十位数字对调成的，可知原数和两数字对调后所成的数的差为18，而原数的两数字的差为$18\div 9=2$。

题上又说原数的两数字的和为6，应用和差算的法则便得：$(6+2)\div 2=4$是十位数字，$(6-2)\div 2=2$是个位数字，而原数为42。

解答这类题目的两个基本原理，是怎样得来的呢？现在我们来考察一下。

① $83=8\times10+3$，$38=3\times10+8$

$$\begin{aligned}\therefore\quad 83+38&=(8\times10+3)+(3\times10+8)\\&=8\times10+8+3\times10+3\\&=8\times(10+1)+3\times(10+1)\\&=8\times11+3\times11\\&=(8+3)\times11\end{aligned}$$

这个式子最后的结果中，(8+3）正是83的两数字的和，用11去乘它，便得出11倍来，但是这11是从10加1来的，10是十进记数法的底数。

$$\begin{aligned}② 83-38&=(8\times10+3)-(3\times10+8)\\&=8\times10-8-3\times10+3\\&=8\times(10-1)-3\times(10-1)\\&=8\times9-3\times9\\&=(8-3)\times9\end{aligned}$$

这个式子最后的结果中，(8-3）正是83的两数字的差，用9去乘它，便得出9倍来。但是这9是从10减去1来的，10是“十”进记数法的底数。

将上面的证明法，推到一般情形中去，设记数法的底数为r，十位数字为a_1，个位数字为a_2，则这两位数为a_1r+a_2，而它的两位数字对调后所成的数为a_2r+a_1。所以

$$\begin{aligned}① (a_1r+a_2)+(a_2r+a_1)&=a_1r+a_1+a_2r+a_2\\&=a_1(r+1)+a_2(r+1)\\&=(a_1+a_2)(r+1)\end{aligned}$$

$$
\begin{aligned}
② (a_1r+a_2)-(a_2r+a_1) &= a_1r+a_2-a_2r-a_1 \\
&= a_1r-a_1-a_2r+a_2 \\
&= a_1(r-1)-a_2(r-1) \\
&= (a_1-a_2)(r-1)
\end{aligned}
$$

第一原理的①应当这样说：

两位数和它的两数字对调后所成的数的和，等于它的两数字和的（$r+1$）倍。r是记数法的底数，在十进法为10，故（$r+1$）为11；在十二进法为12，故（$r+1$）为13（依照十进法），在十二进位法中便也是11（一什一）。

第二原理的②应当这样说：

两位数和它的两数字对调后所成的数的差，等于它的两数字差的（$r-1$）倍，在十进法为9，在十二进法为e。

由此看来，前面所举的例题，在十二进法中是不能成立的，因为在十二进法中，42减去24所剩的是$1t$，而不是18，如果按照原题的形式改成十二进法，那应当是：

“有二位数，……如果从这数中减什梯（$1t$）……”

它的计算法就完全一样，不过得出来的42是十二进法的四什二，而不是十进法的四十二。

（2）关于整数的倍数的性质，且就十进法和十二进法两种对照着列举几条如下：

①十进法：5的倍数末位是5或0。

十二进法：6的倍数末位是6或0。

②十进法：9的倍数各数字的和是9的倍数。

十二进法：e的倍数各数字的和是e的倍数。

③十进法：11的倍数，各奇数位数字的和，与各偶数位数字的和，这两者的差为11的倍数或零。

十二进法：形式和十进法的相同，只是就十二进法说的一什一，在十进法是一十三。

上面所举的三项中，①是看了九九表和“依依”表就可明白的。②③的证法对于十进法和十二进法一样，我们还可以给它们一个一般的证法，试以②为例，③就可依样画葫芦了。

设记数法的底数为r，各位数字为a_0，a_1，a_2……a_{n-1}，a_n。各数字的和为S，则

$$N=a_0+a_1r+a_2r^2+\cdots\cdots+a_{n-1}r^{n-1}+a_nr^n$$

$$S=a_0+a_1+a_2+\cdots\cdots+a_{n-1}+a_n$$

$$N-S=a_1(r-1)+a_2(r^2-1)+\cdots\cdots+a_{n-1}(r^{n-1}-1)+a_n(r^n-1)$$

因为（r^n-1）无论n是什么正整数都可以用（$r-1$）除尽，所以如果用（$r-1$）除上式的两边，则右边所得的便是整数，设它是I，因而得出：

$$\frac{N-S}{r-1}=I \qquad \frac{N}{r-1}-\frac{S}{r-1}=I$$

$$\therefore \quad \frac{N}{r-1}=I+\frac{S}{r-1}$$

所以如果N是（$r-1$）的倍数，S也应当是（$r-1$）的倍数，不然这个式子所表示的便成为一个整数等于一个整数和一个分数的和了，这是不合理的。

这是一般的证明，如果把它特殊化，在十进法中（$r-1$）就是9，在十二进法中（$r-1$）便是e，由此便得②。

由这个证明，我们可以知道，在十进法中，3的倍数各数字的和是3的倍数。而在十二进法中，却不一定，因为在十进法中9是3的倍数，而在十二进法中e却不是3的倍数。

从这些例子可以看出，假如我们有十二根手指，我们的记数法采用十二进法，与用十进法记数比较起来，无论在数的世界或在数学的世界所起的变化是有限的，而且假如我们能不依赖手指表示数的话，用十二进法记数还更加方便。但是我们的文明，本是双手创造的文明，又怎么能跳出这十根手指头的支配呢？